KB186585

전화기는 어떻게 세상을 바꾸는가

전화기는 어떻게 세상을 바꾸는가

초판 1쇄 발행 2019년 4월 30일

지은이   한치환
발행인   안유석
출판본부장   김형준
편 집   전유진
표지디자인   김경미
펴낸곳 처음북스, 처음북스는 (주)처음네트웍스의 임프린트입니다.

출판등록 2011년 1월 12일 제 2011-000009호
전화 070-7018-8812 팩스 02-6280-3032
이메일 cheombooks@cheom.net

홈페이지 cheombooks.net 페이스북 /cheombooks
트위터 @cheombooks
ISBN 979-11-7022-183-8 03400

미래를 이끌어갈 에너지 혁명과 전기화학기기의 발전사

전화기는 어떻게
세상을 바꾸는가

— 한치환 지음 —

전기화학기기, 환경 보호와 미래 발전이라는
두 마리 토끼를 모두 잡다

처음북스

CONTENTS

부록 | 이공계 전공 학생을 위한 기본 개념

들어가며

― 전화기의 탄생

전화기만큼 인류 생활에 크게 기여한 발명품이 또 있을까요? 1800년대 후반에 처음 발명되고, 지금은 스마트폰으로 진화해 인류에게 없어서는 안 될 발명품이 되었지요. 전화기의 최초 발명자에 대해서는 논란의 여지가 있으며, 많은 동시대 인물이 기여한 것으로 알려져 있습니다. 이탈리아의 안토니오 무치Antonio Meucci, 독일의 요한 필립 라이스Johann Philipp Reis, 스코틀랜드에서 태어나 캐나다-미국으로 이주한 알렉산더 그레이엄 벨Alexander Graham Bell, 미국의 엘리샤 그레이Elisha Gray와 루마니아의 티바다르 푸스카스Tivadar Puskás 등이 대표적입니다. 그중 벨이 관련 미국 특허를 가장 먼저 취득하고 전화기의 실용화에 성공한 것이죠. 1880년, 벨은 전화기를 발명한 공로를 인정받아 프랑스 정부로부터 볼타 상Volta Prize과 5만 프랑의 상금을 받습니다. 그는 이 상금으로 벨 연구소Bell laboratories를 설립합니다.

초기에 벨 연구소에서는 전기신호로 바뀐 목소리를 멀리까지 보내려고 전기신호 증폭 연구를 많이 했습니다. 처음에는 진공관으로 전기신호를 증폭하다가 보다 효과적으로 전기신호를 증폭시키고자 반도체 관련 연구를 진행했고, 그러다 1948년 세계 최초로 트랜지스터를 개발하기도 합니다. 관련이 별로 없어 보이지만 전파망원경과 실리콘 태양전지를 처음 개발한 곳도 벨 연구소입니다. 컴퓨터 언어인 유닉스, C, C++도 벨 연구소의 업적입니다.

이렇게 전자 산업의 근간이 된 벨 연구소의 설립은 앞서 말했듯 볼타 상의 상금이 있었기에 가능했습니다. 그럼 프랑스 정부가 이름을 따서 상까지 만든 볼타는 누구일까요? 여러분이 예상했듯이 볼타전지를 만든 볼타입니다. 볼타의 본명은 알레산드로 볼타Alessandro Volta로 이탈리아의 물리학자입니다. 그는 전지battery, cell를 처음 만든 사람입니다. 나폴레옹 시절 프랑스에 가서 볼타전지를 시연했고, 나폴레옹은 이 업적을 기리기 위해 1801년에 볼타 상을 제정하고 첫 번째 수상자로 볼타를 선정합니다. 약 80년 이후에 벨이 이 상을 받은 것이죠.

볼타는 전지를 처음 만든 사람이기도 하지만 전기화학이라는 학문을 처음 연 사람이기도 합니다. 전기화학이란 전극과 전해질을 이용하여 전기화학적 반응을 연구하는 학문입니다. 사람들이 전기화학을 연구하면서 다양한 기기들이 개발되었습니다. 눈치 채신 분도 있겠지만 이 책의 제목에 들어간 '전화기'라는 단어는 사실 전기화학기기electrochemical device의 줄임말입니다.

그럼 전화기에는 어떤 기기들이 있을까요? 대표적인 것이 전기를 저장하거나 생산할 수 있는 전지입니다. 앞에서 말했듯 볼타가 구리와 아연 금속을 겹겹이 쌓고 사이사이에 소금물을 적신 천을 놓아 처음으로 개발했죠. 그 이후 매우 다양한 전지들이 개발됩니다. 망간전지, 망간알칼리전지, 납축전지 등은 1800년대에 처음 개발되었음에도 불구하고 아직까지도 실생활에 이용되고 있습니다. 1900년대에 들어서면서는 니카드전지, 니켈수소화금속전지, 리튬전지 등이 새롭게 개발됩니다.

휴대전화는 전지의 개발이 이뤄지지 않았다면 불가능했을 것입니다. 휴대전화기에 전력을 공급하는 전지가 전기화학기기(전화기)의 대표격이라는 사실이 재미있지 않나요?

─ 에너지 문제를 해결할 수 있는 전화기

인류의 역사는 어떤 에너지원을 사용했는가를 기준으로 구분 지을 수 있습니다. 인류가 언제부터 불을 사용했는지는 명확하지 않지만 매우 오래되었다는 것에는 누구나 동의할 것입니다. 처음에는 불을 피우는 에너지로 나무를 사용했죠. 그러다 뉴커먼Thomas

Newcomen(영국의 발명가)이 1700년대 초반에 실린더와 피스톤을 장착한 최초의 증기기관을 만들고 이를 와트가 개선하여 효율적인 증기기관을 개발하면서 석탄을 에너지원으로 사용하기 시작했습니다.

이후 독일의 오토가 가솔린을 사용하는 4행정 엔진을 개발하고 디젤이 디젤엔진을 개발하면서 석유시대가 도래합니다. 석탄 및 석유와 같은 에너지원은 오래 전에 유기물들이 지하 깊은 곳에서 화석화되어 만들어진 물질로 화석에너지라고도 합니다. 화석에너지는 우리의 생활을 엄청나게 바꿔 놓았습니다. 인간의 힘으로는 감당하기 힘든 일들을 엔진의 힘을 이용하여 쉽게 처리할 수 있게 되었습니다. 자동차를 이용하여 빠른 시간 안에 먼 거리를 이동하기도 하죠.

그런데 화석에너지는 인류에게 편리함을 안겨준 대신 환경오염과 지구 온난화라는 숙제도 가져왔습니다. 화석에너지가 연소될 때 나오는 다양한 배출가스와 먼지가 대기를 오염시키고 이 때문에 스모그 현상이 발생하여 많은 사람들이 고통받고 있습니다. 여러 가지 해결방안을 찾고 있지만 우리가 화석에너지를 주된 에너지원으로 사용하는 한 근본적으로 이를 해결할 수 있는 방법은 없습니다.

게다가 화석에너지를 사용할 때 가장 많이 배출되는 가스인 이산화탄소는 지구 온난화의 주범입니다. 벨 연구소에서 한 레이저 관련 연구로 노벨 물리학상을 수상하고 미국 에너지부 장관을 역임한 스티브 추 박사는 "지구 온난화가 이산화탄소 및 다른 온실가스에 의한 것인지 아닌지에 대한 논란이 있는데, 이것은 흡연이 건강에 해로운

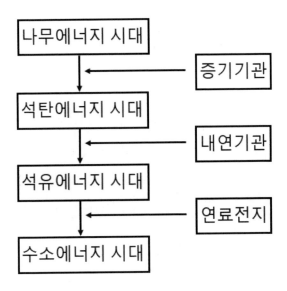

인류가 사용하는 에너지에 따른 시대 구분

지 그렇지 않은지 논란이 있었던 것과 유사하다"고 설명합니다. 흡연이 건강에 해롭다는 사실이 정확히 밝혀지기까지 오랜 시간이 걸렸습니다. 이전에도 많은 사람들이 흡연의 유해성을 의심하긴 했지만, 명확한 상관관계가 파악되지는 않았기 때문입니다. 마찬가지로 지구 온난화도 온실가스가 주범이라고 명확하게 결과가 나오기까지 오랜 시간이 걸릴 수 있습니다. 하지만 지구 온난화에 너무 늦게 대응하면 우리는 되돌릴 수 없을 만큼 큰 재앙을 맞을 수 있으므로 그 전에 대처해야 합니다.

그래서 지난 2015년 12월, 각국의 정상들이 모여 파리기후협약을 맺었습니다. 이전에도 브라질 리우데자네이루(1992년)와 일본 교토(1997년)에서 기후 변화에 대응하고자 각국정상들이 모였지만 성공하지 못했습니다. 그래서 파리기후협약에서는 더욱 구체적으로 기후 변화에 대한 각국의 대응을 논의했습니다. 전 세계 195개국이 참여하여 2000년대 말까지 지구 평균 온도 상승 기준치를 산업화 이전보다 2도 높은 수준으로 제한하고 되도록이면 1.5도 이하로 높아지도록 노력하자고 합의했습니다. 이 목표를 위해 각국은 이산화탄소 배출을 줄여야 합니다. 우리나라도 2030년까지 이산화탄소 배출량을 37퍼센트 줄여야 합니다. 현재 이산화탄소 배출량과 비교해 37퍼센트 줄인다는 의미는 아니고, 2030년에 우리나라가 배출할 것으로 예상되는 이산화탄소 양과 비교해 37퍼센트를 줄이겠다는 것입니다. 말이 좀 복잡하기는 하지만, 결국 이산화탄소 배출을 많이 줄여야 한다는 의미죠.

그렇다면 어떻게 해야 이산화탄소 배출을 줄일 수 있을까요? 우리가 쓰고 있는 화석에너지는 주로 탄소와 수소로 이뤄져 있습니다. 그래서 탄화수소라고도 부릅니다. 앞에서 말했듯 이 화석에너지를 태우는 과정에서는 필연적으로 이산화탄소가 배출됩니다. 그러니 화석에너지 사용을 줄여야 이산화탄소 배출을 줄일 수 있습니다.

화석에너지 사용을 줄이려면 이를 대체할 다른 에너지가 필요합니다. 현재 대체 가능성이 있는 에너지원은 두 가지, 전기에너지와 수소에너지입니다. 전기에너지를 자동차에 적용하려면 많은 용량의 전기를 저장할 수 있는 전지(배터리)가 필요합니다. 테슬라를 시작으로 많은 회사들이 전기자동차를 출시하고 있습니다. 전기자동차가 엔진 자동차를 대체한다면 이산화탄소 배출량을 크게 줄일 수 있습니다.

또 다른 가능성은 수소에너지를 사용하는 연료전지 자동차입니다. 탄화수소에서 이산화탄소를 배출하는 탄소를 없애면 수소만 남습니다. 수소는 가장 작은 분자이기도 하죠. 수소를 연료로 사용하면 연소하면서 물만 배출되기 때문에 이산화탄소가 나오지 않습니다. 수소를 효율적으로 이용하려면 연소시키기보다는 연료전지로 전기를 생산하는 편이 좋습니다. 이 때문에 많은 자동차 회사가 오래전부터 연료전지 자동차를 연구했고, 최근 한국과 일본에서 상용화되어 시판 중에 있습니다.

이처럼 이산화탄소 배출을 줄이려면 전기자동차나 연료전지 자동차가 활성화되어야 합니다. 그런데 공교롭게도 전기자동차의 핵심인 전지와 연료전지 자동차의 핵심인 연료전지 모두 전기화학기기(전화기)입니다. 이외에도 수많은 전기화학기기, 예를 들어 태양빛으로 전기를 생산할 수 있는 염료감응 태양전지, 햇빛의 강도에 따라 색이 변해 투과율을 조절할 수 있는 전기변색 소자, 물을 분해하여 수소를 생산하는 수전해기, 하이브리드 자동차에 장착하면 순간적인 출력을 높여주는 슈퍼 캐퍼시터, 금속을 교체하면 전력을 생산할 수 있는 금속공기전지 등이 미래 청정에너지와 관련이 있습니다. 대기오염 문제와 지구 온난화를 동시에 해결할 수 있는 대안이 바로 전화기(전기화학기기)인 것입니다.

이 책은 크게 두 개 장으로 구성되어 있습니다. 1장은 에너지 혁명, 2장은 전화기입니다. 1장 에너지 혁명에서는 현재 쓰이고 있는 화석 에너지에서 미래에 쓰일 청정에너지로의 전환이 어떻게 진행되고 있는지, 가까운 미래 혹은 먼 미래에는 에너지와 관련해 어떤 일들이 진행될지를 다룹니다. 2장 전화기에서는 이러한 에너지 혁명을 일으키는 데 주된 역할을 할 전기화학기기들이 역사적으로 어떻게 발전되어 왔는지, 지금 개발되고 있는 전기화학기기는 어떤 것들이 있는지, 앞으로 어떤 기술이 유망할지 등을 다룹니다.

미래를 예측한다는 것은 매우 어려운 일이지요. 하지만 새로운 기술들의 발전 과정을 따라가다 보면 가까운 미래에 어떤 일들이 일어날지 예상이 되기도 합니다. 지금 우리는 매우 큰 변화의 시기에 놓여 있습니다. 이때 변화를 미리 예측하고 대비하면 보다 밝은 미래가 열릴 수 있겠죠? 아무쪼록 이 책이 독자 여러분이 미래를 준비하는 데 조금이나마 도움이 되기를 바랍니다.

1장
에너지 혁명

재생에너지와 스마트 그리드

- -

자동차는 한 나라에서 타던 것을 다른 나라에 가져가도 그대로 쓸 수 있습니다. 휘발유 엔진을 장착한 차라면 휘발유만 넣어주면 움직입니다. 다른 그 무엇도 필요 없죠. 경유 엔진 자동차도 마찬가지입니다. 미국에서 타던 자동차를 한국으로 가져와도 그대로 사용할 수 있습니다. 한국에서 타던 차를 중국으로 가져가도 마찬가지고요.

하지만 전자제품은 그렇지 않습니다. 물론 몇몇 전자제품(특히 전지가 들어 있어 충전할 수 있는 전자제품)은 다른 나라에 가서 플러그만 꽂으면 사용할 수 있지만 대부분은 사용할 수 없습니다. 우리나라에서 쓰던 제품을 미국으로 가져가면 우선 콘센트가 맞지 않아 플러그를 꽂지 못합니다. 게다가 전압도, 주파수도 맞지 않습니다. 전압을 맞춰주는 트랜스를 따로 구비해야 사용할 수 있죠.

이 문제는 발명가 에디슨과 테슬라로 거슬러 올라갑니다. 에디슨은 발명왕으로 너무나 유명해 설명이 필요 없는 인물이죠. 테슬라도 에디슨 못지않게 유명한 사람입니다. 엘론 머스크가 자신의 전기자동차 회사에 그의 이름을 붙여 더 유명해졌죠. 전기자동차가 구동하려면 그 안의 모터가 자동차를 굴러가게 할 수 있을 만큼 충분히 힘이 강해야 하는데, 직류 모터의 경우 대부분 그만큼의 힘을 내지 못합니다. 단상 교류 모터도 마찬가지이기 때문에 필연적으로 삼상 교류 모터를 적용해야 합니다. 그래서 삼상 교류 모터를 개발한 발명가의 이름인 테슬라를 회사명으로 정한 것이죠.

우리가 사용하는 전기는 직류 전기와 교류 전기가 있습니다. 앞서 언급했듯이 볼타는 서로 다른 금속과 전해질을 이용하여 세계 최초로 화학적 방법으로 전기에너지를 만든 사람입니다. 이렇게 화학적 방법으로 전기에너지를 만들면 직류 전기가 생성됩니다. 직류 전기는 강물의 흐름처럼 전위가 높은 곳에서 낮은 곳으로 계속해서 흐르는 전기를 말합니다.

물리적으로도 전기에너지를 만들 수 있습니다. 마이클 패러데이는 물리적으로 전기에너지를 만들 수 있는 방법을 제시한 세계 최초의 과학자입니다. 패러데이는 볼타전지에서 생성된 전기를 이용하여 다양한 실험을 해서 유도전류를 확인하고 영구 자기장을 형성하는 자석을 코일 형태의 전선에 가까이 댔다 멀리 떨어뜨리기를 반복하면 전기를 생성할 수 있음을 제안했습니다. 이러한 방식으로 전기에너지를 만들면 전자의 흐름이 파도처럼 생겼다가 없어졌다가 하는 교류 전기가 생성됩니다. 단상 교류 전기는 발전 코일을 하나만 사용하여 만들어진 전기입니다. 그래서 한 번에 한 개의 파동만 지나갑니다. 그런데 큰 힘을 필요로 하는 경우에는 한 개의 파동보다 여러 개의 파동을 동시에 이용하면 좋습니다. 삼상 교류 전기는 발전코일을 120도 간격으로 세 개를 배치하여 세 개의 파동이 동시에 지나가는 전기를 말합니다. 따라서 단상 교류의 경우 전극이 두 개만 필요하지만(가정용 전기는 단상 교류 전기이기 때문에 콘센트에 전극이 들어갈 수 있는 구멍이 두 개 있습니다) 삼상 교류 전기의 경우 전극이 세 개 필요하며 단상에 비해 큰 전력을 사용할 수 있습니다. 삼상 교류 모터는 이 삼상 교류 전기를 사용하여 동력을 얻는 모터를 말합니다.

테슬라는 한때 에디슨의 연구소에서 전동기와 발전기를 연구하던 사람으로 세계 최초로 삼상 교류 모터를 발명하고 교류를 통한 전력 송신 시스템을 개발하여 현재의 전력계통망의 기반을 닦은 사람입니다. 19세기 후반 백열전구의 발명으로 빛을 밝히는 데 성공한 에디슨은 직류 방식을 사용해 전기 보급의 기반을 마련하고 전기 상용화를 시작했습니다. 하지만 낮은 전압으로 멀리 송전하면 송전선의 저항 때문에 전압이 변하는 문제가 생겨 전력 전송에 어려움을 겪었습니다.

이러한 상황을 파악한 테슬라는 고민 끝에 교류 송전을 제안합니다. 교류 방식은 쉽게 전압을 높일 수 있기 때문에 장거리 송신을 할 때 직류 방식에 비해 유리했고, 당시 전력시장은 얼마나 효율적으로 전력을 송신하느냐가 핵심이었기 때문에 20세기 초에 모든 전기 방식이 교류로 바뀌었습니다. 그런데 전기가 갓 보급되던 당시에는 전기 사업자마다 전력의 전압과 주파수의 기준이 달랐습니다. 그래서 어느 사업자에게서 전력시스템을 보급 받느냐에 따라 전압과 주파수가 달랐죠. 또한 교류 방식의 경우 전압을 바꾸기가 쉬워 송전 효율을 높이기 위해 전압을 임의로 높이기도 했습니다. 이러한 이유로 나라마다 전력이 각자 달라진 것입니다. 이때는 지금과 같은 기술 표준화 개념도 없었기 때문에 전력은 지금까지도 계속 다르게 유지되고 있습니다.

최근 다시 직류 전송이 주목을 받고 있습니다. 고압 전송 방식이 개발되어 직류 방식으로도 장거리 송신이 가능해져서도 있지만 이는 스마트 그리드 및 재생에너지와 보다 밀접한 관련이 있습니다. 제레미 리프킨은 저서 『3차 산업혁명』에서 3차 산업혁명의 핵심을 다음의 다섯 가지로 요약했습니다.

(1) 재생 가능 에너지로 전환한다.
(2) 건물에 재생 가능 에너지를 도입하여 에너지 생산과 소비를 효율적으로 한다(미니 발전소).
(3) 수소 저장 기술, 전력 저장 기술을 보급하여 불규칙적으로 생산

되는 에너지를 보존한다.
⑷ 인터넷 기술을 활용하여 각 대륙 간 동력 그리드를 인터넷과 동일한 원리로 작동하는 에너지 공유 인터그리드로 전환한다.
⑸ 교통수단을 전기자동차 및 연료전지 차량으로 교체하고 양방향 스마트 동력 그리드 상에서 전기를 사고팔 수 있게 한다.

즉 이 책에서 다루는 전기화학기기 및 재생에너지와 스마트 그리드가 3차 산업혁명의 핵심이라는 말입니다. 산업혁명을 구분 짓는 기준에 따라 현재를 3차 산업혁명의 태동기로 볼 수도 있고 4차 산업혁명의 태동기로 볼 수도 있습니다. 현재를 3차 산업혁명의 태동기로 보는 시각은 다분히 에너지적인 관점으로 산업혁명을 바라봅니다. 1차 산업혁명은 석탄, 2차 산업혁명은 석유와 전기, 3차 산업혁명은 재생에너지와 수소가 근간이 되는 에너지원입니다. 현재를 4차 산업혁명으로 보는 시각은 어떠한 산업이 기반이 되느냐에 방점을 찍습니다. 1차 산업혁명은 증기기관, 2차 산업혁명은 전기 공급으로 인한 대형 공장에서의 대량생산, 3차 산업혁명은 컴퓨터를 이용한 정보기술과 인터넷 정보 공유, 4차 산업혁명은 사물인터넷과 인공지능이 기반이 되는 산업입니다. 이 책에서는 에너지의 관점에서 전기화학기기를 소개하므로 현재를 3차 산업혁명의 태동기로 보는 시각에 초점을 맞추겠습니다.

3차 산업혁명의 핵심은 화석에너지를 재생에너지로 전환하는 것입니다. 이 과정에는 필연적으로 전기화학기기가 자리하고 있습니다. 앞에서도 언급했지만 화석에너지는 인류에게 편리함을 가져다 준 대신 여러 가지 문제점도 가져다주었습니다. 이중 가장 큰 문제점이 대기오염과 지구 온난화에 따른 기후 변화입니다. 특히 우리나라는 최근 몇 년 동안 대기오염에 의한 미세먼지 노출 위험도가 OECD 국가 중 1위입니다. 우리의 다음 세대가 건강하려면 시급히 개선해야 할 사항입니다. 또한 지구 온난화는 미래 인류의 생존 여부를 판가름할 수 있는 아주 큰 문제입니다.

재생에너지는 화석연료처럼 한 번 사용하면 다시 사용할 수 없는 에너지가 아니라 계속 사용할 수 있습니다. 이 재생에너지의 대부분은 태양에너지로 얻을 수 있습니다. 햇빛은 매일 지구로 쏟아지니 계속해서 사용할 수 있는 것이죠. 대표적인 재생에너지가 햇빛을 전기로 바꾸는 태양전지입니다. 태양전지판이 햇빛을 받으면 바로 전기가 생성됩니다. 바람의 힘을 이용해 터빈을 돌리는 풍력 발전도 재생에너지에 속하고, 댐을 설치해 물의 떨어지는 힘을 이용하는 수력 발전도 재생에너지에 속합니다. 바다의 조수간만의 차를 이용하는 조력발전과 땅속의 따뜻한 물을 이용하는 지열 발전도 재생에너지에 속하죠. 태양전지와 달리 태양열을 이용하여 발전을 하는 집광형 태양열 발전도 마찬가지입니다. 집광형 태양열 발전은 태양빛을 받으면 바로 전기가 만들어지는 태양전지와 달리 거울을 이용해서 태양열을 한 곳으로 모아 온도를 높인 후 그 열을 이용하여 터빈을 돌려 전기를 생산하는 방식입니다. 이 집광형 태양열 발전소는 1년 내내 햇빛이 강한 스페인이나 미국의 캘리포니아 등에 설치되어 있는

거울을 이용하여 태양빛을 모아 그 열로 전기를 생산하는
아이밴파 집광형 태양열 발전 시스템(캘리포니아)

데, 도박의 도시 라스베이거스가 있는 미국 네바다 주의 모하비 사
막에 세계 최대 규모의 타워형 태양열 집광 발전 시스템이 있습니다.
'Ivanpah Solar Electric Generating System'이라 불리는 이 발전소는
그 규모가 392메가와트MW에 달합니다. 보통 한 가정이 사용하는 전
력이 3킬로와트KW 정도 되니까 약 13만 가구가 사용할 수 있는 어마
어마한 규모입니다. 이 타워형 발전소에는 17만 3500개의 거울이 달
려 있는데 이것 또한 세계 최대 규모입니다. 이러한 다양한 재생에너
지를 사용하면 화석에너지를 사용하면서 발생하는 대기오염이나 이
산화탄소로 인한 지구 온난화 문제 없이 전기에너지를 사용할 수 있
습니다.

    그런데 재생에너지를 이용하여 전력을 생산하는 데 드는 비용은

원자력 발전이나 화석에너지를 이용한 발전 시스템에 비해 높습니다. 똑같은 전기를 생산하지만 태양전지나 풍력 발전기로 생산한 전기가 석탄을 이용한 화력발전소보다 비싼 것이죠. 물론 방식에 따라 비용이 다르고 발전소의 수명이 다할 때까지 정확히 따져서 계산해봐야겠지만 대체로 그렇습니다. 대기오염과 지구 온난화 문제 때문에 화석에너지 사용은 줄여야 하는데 그렇다고 재생에너지를 사용하기에는 비용적인 문제가 발생합니다. 이것이 전기에너지를 효율적으로 사용하는 것이 점차 중요해지는 이유이자 효율적인 전기에너지 생산 및 소비를 위한 스마트 그리드 시스템이 필요한 이유입니다.

휴대폰이 인터넷과 연결되면 스마트폰이 됩니다. 마찬가지로 전력망이 인터넷과 연결되면 스마트 그리드가 되죠. 전력망이 인터넷과 연결되면 어떤 점이 좋아질까요? 우선 전력의 생산과 소비를 전반적으로 파악할 수 있습니다. 빅데이터를 수집하고 좀 더 효율적인 생산, 소비를 계획할 수 있게 되죠. 그리고 전력이 남는 지역과 모자란 지역을 파악하여 알맞게 송전이 가능합니다. 전력 불균형을 해소하는 것이죠.

현재의 전력 시스템을 보면 전력예비율이라는 것이 있습니다. 혹시라도 갑자기 전력의 사용량이 증가해서 전력이 부족하면 블랙아웃 현상이 발생하는데, 이로 인한 국가적인 손실이 어마어마하므로 전력을 100퍼센트가 아닌 120퍼센트 정도로 충분히 많이 생산하는 것입니다. 이렇게 전력을 여유 있게 생산하면 화석연료뿐만 아니라 각

종 발전 설비, 송배선 설비 등 추가적인 비용이 발생하며 버려지는 전기가 많아 에너지 효율이 떨어집니다. 석탄, 석유, 가스 등을 태우면서 나오는 이산화탄소도 그만큼 증가하고요.

만약 꼭 필요한 만큼만 전력을 생산해도 되면 어떨까요? 그만큼 비용이 줄어들겠지요. 그 비용만큼 재생에너지 발전 비율을 늘릴 수도 있겠고요. 스마트 그리드 시스템은 전력망에 정보통신 기술을 접목하여 실시간으로 전력 상황을 생산자와 소비자가 공유하여 보다 효율적인 전력생산 및 소비가 가능하도록 구현하는 기술입니다. 소비자의 입장에서 보면 전력이 충분할 때보다 오히려 많은 전력을 사용할 수 있고 전력이 부족할 때는 꼭 필요한 전기만을 사용하는 셈이지요. 이러한 시스템이 완성도 높게 구현되려면 다른 산업들도 같이 발전해야 합니다. 이를테면 전력이 충분할 때 전기자동차를 충전하고 그래도 전기가 남으면 그것으로 레독스흐름전지RFB: Redox flow battery를 충전하여 전력을 저장해둘 수 있습니다(레독스흐름전지에 대해서는 전화기 13에서 자세히 설명할 것입니다. 전기자동차의 배터리나 레독스흐름전지 모두 전기화학기기입니다). 따라서 점차 전기화학기기의 중요성이 커질 수밖에 없습니다.

스마트 그리드가 가진 또 하나의 커다란 임무는 전기의 생산과 분배를 효율적으로 하는 것입니다. 재생에너지의 전력생산 비중이 커지면 스마트 그리드의 역할이 더욱 중요해집니다. 재생에너지의 경우 날씨의 영향을 많이 받아 햇빛이 좋은날, 바람이 심한 날, 비가 오는 날 등에 따라 전력 생산량이 크게 변하기 때문이죠.

그렇다면 직류 전송과 재생에너지는 왜 관련이 있을까요? 일반적으로 화력이나 원자력, 수력 발전은 모두 회전을 중심으로 하는 터빈을 이용하므로 교류 전력이 생산됩니다. 하지만 재생에너지의 대표 격인 태양광 발전은 직류 전력이 생산됩니다. 풍력 발전도 상당수가 직류 전력을 생산합니다. 이렇게 직류로 생산된 전력을 가정용 배선에 연결하려면 인버터를 이용하여 교류로 변환해야 합니다. 그런데 가정에서 사용하는 전자제품 대부분은 직류 전원을 사용해야 합니다. 전등도 최근에는 대부분 직류를 사용하는 LED 전등입니다. 그래서 전자제품이나 전등 내부에 교류를 직류로 전환하는 장치가 들어 있습니다. 휴대폰, 노트북, 태블릿 PC, 무선 청소기 등 충전해서 사용하는 기기의 경우 콘센트에 꽂는 부분에 교류를 직류로 변환하는 장치가 들어 있죠. 그러니까 재생에너지 중 태양전지 및 풍력 발전기로 생산한 전력은 송전을 위해 직류에서 교류로 변환된 다음 가정에서 사용할 때 다시 교류에서 직류로 변환됩니다. 매우 비효율적인 방법이죠. 직류 전력을 그대로 송전하고 사용하면 보다 효율적이고 편리하겠죠?

최근 USB 전원을 많이 사용합니다. 처음에는 컴퓨터의 보조전원 형태로 시작했는데, 쓰기 편리한 덕분에 콘센트에 꽂으면 USB 전원을 사용할 수 있는 장치로도 개발되고 요즘은 책상, 침대 등에도 USB 전원이 있는 경우를 흔히 볼 수 있습니다. 심지어 비행기에도 좌석에

USB 전원이 있어 배터리 걱정 없이 휴대폰이나 태블릿 PC를 사용할 수 있습니다. 앞서 말했듯 스마트 그리드 기술이 발전하면 직류 배선이 가능할 것입니다. 그러면 기술의 표준화도 가능해져 지금처럼 각 나라마다 다른 전력이 아닌 표준화된 직류 전력이 공급될 것입니다. 현재는 많은 나라가 서로 다른 콘센트를 사용하지만 USB 전원은 전 세계 어디나 같습니다. 훨씬 편리하죠. 표준화된 직류 전원이 세계적으로 공급되면 전자제품의 전원도 나라마다 다르지 않고, 어느 제품을 어느 나라에서 사용해도 문제가 없겠죠. 또한 스마트 그리드 덕분에 직류 배선이 확산되면 효율적인 에너지 생산과 소비가 가능해져 재생에너지의 경쟁력이 향상될 것입니다. 경쟁력 향상은 더 많은 재생에너지 발전소 설치로 이어지고, 그러면 가격은 더 떨어질 수 있습니다. 이러한 과정을 통해 선진국을 중심으로 재생에너지 경제가 구축될 수 있습니다. 실제로 이미 독일과 같은 국가는 재생에너지 경제에 돌입했다고 볼 수도 있습니다.

분산에너지와 제로에너지 하우스

          산업혁명이 일어나기 전, 인류는 필요한 에너지를 나무에서 얻었습니다. 근처 산이나 숲에서 나무를 잘라서 옮겨다가 집에서 불을 때서 요리를 하거나 난방을 했죠. 이동 수단이 동물이나 사람의 힘에 의한 것밖에 없었기 때문에 근처에서 필요한 모든 것을 구해야 했습니다. 즉 분산에너지 시스템이었죠. 분산에너지 시스템은 한 곳에서 에너지를 생산하여 필요한 곳으로 분배하는 대규모 집중형 에너지 시스템의 반대 개념입니다. 현재는 전 세계 국가 대부분에서 대규모 집중형 에너지 시스템 형태로 에너지를 생산하고 소비하고 있습니다.

          산업혁명이 일어난 후 에너지원이 석탄, 석유 및 전기로 바뀌면서 많은 변화가 일어납니다. 사람이나 가축의 힘으로 감당할 수 없는 일들을 석탄, 석유 및 전기의 힘으로 할 수 있게 되면서 인구 이동도 빨라지고 대규모 공장도 생겨 도시화가 급격히 진행되었습니다. 도시화로 한 곳에 인구가 모이면서 이전과는 전혀 다른 시스템이 필요하게 되었는데, 그중 하나가 대규모 집중형 에너지 시스템입니다. 많은 사람이 도시에 모여드니 많은 에너지가 필요해졌고, 이를 해결하고자 대규모로 에너지를 생산하고 분배하는 시스템을 만든 것이죠. 그래서 석유를 정제하거나 전기를 생산할 때 대량으로 생산해서 에너지가 필요한 곳으로 배분하여 사용했습니다. 이를 비롯해 여러 가지 이유로 정유공장이나 화력발전소의 시설이 커져야만 경제성이 발생했습니다. 규모가 클수록 경제성이 높은, 규모의 경제가 실현된 것이죠.

그런데 이 대량생산 체제에서는 규모가 곧 수익률이 되다보니 경쟁이 일어나 각국이 점점 더 큰 규모의 생산체제를 구축하고 에너지 소비를 부추겼습니다. 덕분에 좀 더 안락하고 편한 대형차가 등장하고 건물에 냉난방 시스템도 충분히 갖춰졌습니다. 그런데 이런 에너지 과소비가 엉뚱한 문제를 만들었습니다. 이산화탄소가 계속 배출되다보니 지구 온도가 계속 상승한 것입니다. 지구 온도가 올라가면 빙하가 녹아 해수면이 올라가고 온대지방이 열대지방으로 바뀌는 기후 변화도 일어나며 주로 적도 부근에서 발생해 북쪽으로 이동하는 태풍이나 허리케인이 보다 강력해지는 문제도 발생합니다. 더 많은 열을 축적하다보니 전보다 강한 태풍이나 허리케인이 형성되는 것이죠. 최근 북미대륙은 이 허리케인 때문에 피해가 어마어마합니다.

문제가 생겼으니 해결해야 합니다. 이 문제의 해결책으로 각국의 정상들이 2015년 12월 파리에 모여 파리기후협약을 맺었습니다. 앞에서 말했듯 금세기 말까지 지구 평균온도 상승폭을 산업화 이전대비 2도 이하로 맞추고자 각국이 온실가스 배출을 줄이겠다는 목표를 세우고 이를 달성하려고 노력하는 것이 파리기후협약의 목표입니다. 우리나라도 2030년까지 온실가스배출 전망 대비 37퍼센트를 감축하겠다는 목표를 제시했습니다. 온실가스 배출을 줄이는 방법은 기존의 화석에너지 사용을 줄이는 것 외에는 별다른 방법이 없습니다. 물론 발생되는 이산화탄소를 모두 잘 저장하거나 다른 유용한 화학물질로 바꿀 수 있다면 좋겠지만 목표치에 맞추기에는 아직 많은 기술 개선이 필요한 상황입니다.

현재 인류에게 가장 편리한 에너지는 전기에너지라 할 수 있는데, 우리나라는 이를 주로 화석연료와 핵연료를 사용한 대규모 발전시스템으로 생산하고 있습니다. 생산지는 냉각 등의 이유로 보통 물이 풍부한 바닷가이고 소비하는 곳은 바다에서 멀리 떨어진 대도시이므로 대규모 전력 송전 시스템이 필요합니다. 전력의 전압을 높여서 송전을 하면 전력손실이 발생하고 송전탑이나 변압 시설 근처에 전자파가 발생하는 등의 문제점이 생깁니다. 지금까지 이러한 문제점들은 전기에너지가 워낙 편리하고 현대 생활의 필수 요소이니 어쩔 수 없이 소비자가 감수해야 하는 부분이라고 생각되었습니다.

그런데 최근 재생에너지의 발전과 더불어 이러한 문제점을 해결하고자 하는 시도가 있습니다. 바로 재생에너지를 이용한 분산에너지 시스템인데요, 이 시스템의 핵심은 에너지를 소비하는 곳에서 에너지를 생산하는 것입니다. 햇빛, 바람, 땅속이나 하수의 높은 온도 등이 다 에너지가 될 수 있습니다. 에너지 효율 측면에서는 가장 바람직한 방식입니다. 물론 도시에서 필요로 하는 모든 에너지를 도시에서 공급받기는 쉬운 일이 아니지만 꾸준한 기술발전이 이뤄지면 미래에는 달라질 수 있습니다.

앞서 산업혁명 이후 규모의 경제가 중심이 되어 자원과 기술의 대형화 집중화가 이뤄졌다고 설명했습니다. 이러한 개념은 2차 산업혁명, 즉 엔진기관이 발명되고 석유가 경제의 중심이 되면서(석유경제 시대가 되면서) 더욱 심해지는데, 그 이유는 석유의 특성과 관련이 있습니다. 석유는 유전에서 생산됩니다. 그런데 유전은 지구 전체에 고르게 퍼져있지 않고 몇몇 곳에 집중되어 있습니다. 그리고 집중되어 있는 석유를 정제하는 과정에서 대규모 공정이 필요합니다. 이처럼 한 곳에서 많이 생산해서 분배하는 집중과 대형화가 2차 산업혁명의 특징이라고 할 수 있습니다. 이런 집중과 대형화의 가장 큰 부작용은 무엇일까요? 물론 환경오염과 지구 온난화 같은 현재 석유경제 시스템의 문제점을 들 수도 있지만 부와 권력의 집중을 꼽을 수도 있습니다. 부와 권력이 몇몇 사람에게 집중된 탓에 인류는 20세기 초반, 세계대전을 경험합니다. 2차 산업혁명의 가장 큰 부작용은 아마 세계대전이 아니었을까요. 감당 못하는 힘power을 가지면서 제국주의가 시작된 것이죠.

다행히 사람들은 전쟁을 경험한 이후로 달라지기 시작했으며, 인터넷의 발달과 스마트폰의 보급에 힘입어 국경을 뛰어넘어 서로 소통하기 시작하면서 더 크게 달라지고 있습니다. 많은 사람들이 정보를 공유함으로서 새로운 문화가 생겨나고 있으며, 또한 개개인의 부당함을 인터넷에 공론화하여 개선하려 노력합니다. 그러면서 수직적인 권력체계가 수평적인 권력체계로 이동한다고 『3차 산업혁명』의 저자 제레미 리프킨은 말합니다. 이것이 『3차 산업혁명』의 부제가 '수평적 권력은 에너지, 경제 그리고 세계를 어떻게 바꾸는가?'인 이유입니다. 앞서 3차 산업혁명의 핵심은 재생에너지와 스마트 그리드라고 설명했습니다. 재생에너지는 한 곳에서 대형으로 발전하는 것보다는 곳곳에서 분산발전을 하는 편이 유리합니다. 수직적인 개념이 수평적인 개념으로 변하는 것이죠. 따라서 3차 산업혁명의 키워드는 수평, 분산, 소통 등이 될 수 있습니다.

하나 더 재미있는 것이 있습니다. 부제를 원문 그대로 적으면 "How lateral power is transforming energy, the economy, and the world?"입니다. 여기서 'power'는 두 가지 의미를 가집니다. 권력을 의미하기도 하지만 전력을 의미하기도 합니다. 발전소가 power plant 혹은 power station이고 전력 공급을 power supply라고 하니까 어찌

진천 친환경 에너지타운 - 타운 개념도

신재생 에너지원의 융·복합 기술구축 및 이용을 통해 100% 에너지 자립타운 구현

전기공급

태양열

하수폐열HP

태양광

신재생에너지
융복합 이용

연료전지

지열HP

계간축열조

분산에너지 시스템이 잘 표현된 진천 친환경에너지 타운 개념도

보면 전력에 더 중심을 두었을 수도 있겠습니다.

최근 충북의 진천에 친환경에너지 타운이 준공되었는데, 이곳의 타운 개념도가 분산에너지 시스템을 잘 구현했습니다. 실제로 진천 친환경타운에 설치된 신재생에너지 관련 시설에서 생산된 에너지는 인근의 관공서나 고등학교 등에 공급되고 있습니다. 이러한 시도는 앞으로 계속해서 늘어날 것으로 예상되며 가까운 미래에 관공서부터 신재생에너지 중심의 에너지 변화가 가능할 것입니다.

분산에너지 개념에서 좀 더 나아간 제로에너지 하우스에 대한 연구가 한국에너지기술연구원에서 진행되고 있습니다. 제로 에너지하우스란 필요한 모든 에너지를 자체적으로 생산하는 건물을 의미합니다. 현재 우리나라에 있는 건물들이 공급받고 있는 에너지는 대부분 전기와 천연가스 혹은 등유입니다. 천연가스와 등유는 취사와 난방용이고 나머지는 전력이 차지합니다. 그런데 취사와 난방용 에너지도 전력으로 대체할 수 있습니다. 그러니 건물에서 전력만 충분히 생산할 수 있다면 더 이상 에너지를 외부에서 공급받지 않아도 됩니다.

그렇다면 건물에서 전력을 생산하는 방법은 어떤 것이 있을까요? 대표적인 것이 태양전지와 풍력입니다. 특히 태양전지는 소음이나 기타 공해를 일으키지 않고 전력을 생산할 수 있는 좋은 방법입니다. 주택은 보통 햇빛이 잘 드는 남향으로 지으므로 남쪽 지붕에 태양전지를 설치하면 효율적으로 전기를 생산할 수 있습니다. 전력비용이 높은 유럽이나 미국의 경우 자가 주택에 태양전지를 설치한 가정을 흔히 볼 수 있습니다.

성능 좋은 태양전지 패널의 효율은 약 20퍼센트 정도입니다. 따라서 3킬로와트 급 패널을 설치하면 보통 한 세대(4인 기준)가 사용하는 전력을 충당할 수 있으므로 지붕 면적 15제곱미터에 태양전지를 설치하면 건물 내부에서 소비하는 만큼의 전력을 만들 수 있습니다. 즉 자가 주택의 지붕의 폭이 5미터, 높이가 3미터 이상이면 내부에서 소비하는 전력을 모두 태양전지로 충당할 수 있는 것입니다. 추가적인 난방이나 취사에 사용되는 에너지를 태양열이나 지열, 풍력 등으로 해결할 수 있으면 제로에너지 하우스를 실현할 수 있습니다.

하지만 태양광과 태양열, 풍력, 지열 등의 에너지원은 사용하는 데

지붕에 설치된 태양전지 패널

큰 걸림돌이 하나 있습니다. 원하는 때와 장소에서 생산할 수 없다는 것입니다. 태양광과 태양열은 햇빛이 있어야 발전이나 난방을 할 수 있고 풍력은 바람이 있어야 하며 지열은 땅속에서 온수가 나와야 난방을 할 수 있습니다. 즉 신재생에너지는 날씨나 지역에 따라 영향을 받는다는 문제점이 있습니다.

이미 전국의 전력에너지를 전부 신재생에너지로 충당하는 국가 중 우리나라에서 매우 멀리 떨어진 곳에 있는 아이슬란드는 2008년 72퍼센트, 2015년 89퍼센트, 2017년 기준으로 전력의 100퍼센트를 신재생에너지로 충당합니다. 아이슬란드의 신재생에너지 비중은 지열에 크게 치우쳐 있는데, 이는 아이슬란드 전역에 화산과 온천지대가 퍼져있기 때문에 가능합니다. 땅을 깊게 파지 않아도 땅속에서 뜨거운 물이 나오기 때문에 이 열을 이용해서 발전을 할 수 있는 것이죠. 특히 2017년 1월에 마무리된 4.7킬로미터의 시추 작업에 의한 초임계유체(물이 고온·고압 하에서 기체도 액체도 아닌 상태로 존재하는 것) 지열 발전으로 100퍼센트 이상의 전력을 생산할 수 있게 되었습니다. 화산지대가 많은 뉴질랜드나 일본 등의 국가도 지열 발전이 상대적으로 높습니다.

햇빛이 좋은 지중해 주변이나 사막지역 나라들은 태양광 및 태양열로 전력을 생산하기가 유리합니다. 태양광 발전과 태양열 발전은 둘 다 햇빛을 이용하여 전력을 생산하는 것이지만 발전방식은 다릅니다. 햇빛은 양자역학적으로 입자성과 파동성의 두 가지 성질을 동시에 가지는데, 입자성을 강조할 때는 광자Photon이라고 부릅니다. 앞서 설명했듯 태양전지는 광자가 태양전지와 충돌하는 에너지를 이용하여 반도체에 있는 전자를 여기 시켜 전력을 생산하는 방식입니다. 태양전지에서 바로 전기가 나오는 구조이죠. 하지만 태양열 발전은 햇빛의 열을 이용합니다. 석탄이나 천연가스를 연료로 사용하여 물을 끓여 터빈을 돌리는 화력발전과 구조적으로 더 유사하죠. 다만 물을 끓이는 데 필요한 열을 화석에너지가 아닌 햇빛에서 얻는다는 점이 다릅니다. 앞에서도 언급했지만 캘리포니아의 사막에는 거대한 태양열 발전 타워가 설치되어 있으며, 이보다 더 큰 규모의 태양열 발전 단지를 아랍에미리트, 모로코, 스페인 등의 국가가 앞다퉈 건설하고 있습니다. 이미 건설된 곳도 있고요.

　풍력 발전은 덴마크의 바다나 미국 캘리포니아 팜 스프링스 지역 등에 대규모로 설치되어 있습니다. 특히 덴마크는 풍력 발전 부문의 선구적인 국가로 2015년 기준 덴마크 전체 전력 수요의 40퍼센트 이상을 풍력 발전으로 해결하고 있습니다. 풍력 발전기는 소음이 심해서 사람이나 가축이 사는 곳에는 설치하면 문제가 되기 때문에 사막이나 황무지 혹은 바다 등에 설치하는데, 우리나라에는 바람이 많은 곳인 대관령이나 제주도 해변에 설치되어 있습니다. 풍력 발전은 재생에너지 중 경제성이 있다고 평가되는 발전 방식이지만 발전기가 고장 나면 수리비용이 많이 발생하고 소음이 심해 어느 지역에 설치하느냐에 따라서 유용한 정도가 크게 달라집니다. 실제로 대관령에

덴마크의 바다에 설치되어 있는 풍력 발전기

제주 바다에 설치되어 있는 풍력 발전기

설치된 풍력 발전기의 경우 고장 시 수리비가 만만치 않아 수익성이 썩 좋지 않다고 합니다. 그리고 제주도의 해변에 설치된 풍력 발전기는 주변에 주민들이 소음이 크다고 민원을 제기하여 최근에는 아예 바다 안에 풍력 발전기를 설치하는 해상풍력을 선호하는 추세입니다. 그래서 제주도를 여행하다 보면 바다에 설치된 풍력 발전기를 볼 수 있습니다.

태양광, 태양열, 지열, 풍력 발전 등을 이용하여 제로에너지 하우스를 실현하려면 두 가지 전제조건이 충족되어야 합니다. 우선 태양광 발전, 태양열 난방, 지열 난방, 풍력 발전 등의 개별기술이 발전해야 합니다. 예를 들어 태양광 발전을 주택에 적용하는 방법에는 지붕에 설치하는 방법과 건물에 일체형으로 설치하는 방법이 있습니다. 만

창문에 적용할 수 있는 태양전지

약 건물에 일체형으로 설치하면 태양전지 패널 자체가 자재가 되므로 설치비용 면에서 유리합니다. 태양전지가 햇빛을 흡수하기 때문에 주택으로 들어오는 열이 차단되어 한여름의 냉방비용 또한 줄일 수 있습니다. 이렇게 건축물일체형으로 태양전지를 설치하는 방식을 건물일체형 태양광 발전 시스템Building Integrated Photovoltaic System이라고 하며 줄여서 BIPV 시스템이라고 부르기도 합니다. 건물 자체에 태양전지를 설치하려면 시작 단계부터 설계를 잘해야 하며, 건축물의 남쪽 지붕과 파사드(건물의 정면) 그리고 창문에 태양전지를 적용하는 경우가 많습니다.

또한 건축물에 태양전지를 일체형으로 적용하려면 태양전지의 무게가 가벼워야 합니다. 이에 더해 효율이 좋으면서 오랫동안 고장 없이 작동하고 외관상 보기 싫지 않아야 건물일체형 태양광 발전 시스템이 보다 많이 확산될 수 있습니다. 태양열 난방도 마찬가지로 보기 싫지 않으면서 오랫동안 고장 나지 않아야 적용 가능할 것입니다. 풍력 발전의 경우 센 바람이 아닌 약한 바람이 불어도 전력 생산을 잘하고 소음이 나지 않는 시스템의 개발이 요구됩니다. 물론 안전성과 내구성도 확보되어야겠지요. 이처럼 다양한 신재생에너지 기술이 지금보다 발전된다면 가까운 미래에 주택이 에너지를 소비하는 공간이 아닌 에너지를 생산하는 공간이 될 수도 있겠습니다.

이와 더불어 지역적인 요인과 날씨적인 요인을 함께 고려하여 최적화된 시스템을 구현할 수 있는 기술의 개발 또한 중요합니다. 제로에너지 하우스를 짓고자 하는 곳의 연평균 일사량(태양 복사의 세기)은 얼마인지, 바람은 어느 정도 세기로 얼마나 부는지, 지하수가 존재하는지, 지하수의 온도는 몇 도인지 등을 전부 고려하여 최적화하는 것이 제로에너지 하우스의 성공 여부를 결정하는 주요 쟁점이 될 것입니다. 제로에너지 하우스는 초기 건축비가 일반적인 주택에 비해 월등히 비싸 최적화된 시스템을 구축하는 것이 무엇보다도 중요하기 때문입니다.

몇 년 전, 인공지능 알파고와 이세돌 9단의 대결에 전 세계의 이목이 집중된 적이 있습니다. 알파고는 여러 대의 컴퓨터를 활용하여 여러 가지 경우의 수를 빠른 시간 내에 파악한 후 최적의 곳에 바둑돌을 두어 이세돌 9단을 당황하게 했고, 결과적으로 4대 1로 승리했습니다. 이러한 인공지능 시스템을 활용하면 제로에너지 하우스 건설에도 상당한 도움이 됩니다. 건축물을 짓고자 하는 곳의 일사량, 날씨 및 지열 상황 등의 방대한 데이터베이스를 인공지능에 입력한 후 최적화된 신재생에너지 시스템을 구현하는 것이지요. 지열을 활용할 수 있는 온수가 나오는 곳은 지열의 비중을 높이고, 바람이 많이 부는 곳은 풍력 발전기 설치를 늘리고, 일사량이 좋은 곳은 태양전지와 태양열 난방 시스템 비중을 늘리면 보다 효율적인 제로에너지 하우스를 건축할 수 있습니다.

이처럼 신재생에너지 기술의 개별적인 발달과 에너지 생산 및 소비를 효율적으로 최적화할 수 있는 인공지능 시스템의 발달은 건물에서 필요한 에너지를 자가생산할 수 있는 제로에너지 하우스를 가능하게 할 것이며, 미래의 인류 생활 패턴을 크게 바꿀 것입니다.

재생에너지와
원격조정·자율주행 시스템

1980년대 중반, 우리나라에서 <전
격 Z작전>이라는 미국 드라마를 방영한 적이 있습니다. 주인공이 시
계에 "키트, 지금 내게로 와"라고 말하면 주차되어 있던 자동차 키트
가 바로 주인공에게 달려옵니다. 내 차가 어디에 있든 말만 하면 달려
온다니, 생각만 해도 근사하죠? 자동차에 인공지능이 내장되어 주인
공의 말을 알아듣고 실행으로 옮기는, 말하자면 '인공지능 자율주행
자동차'인데, 당시의 IT 및 자동차 기술로는 전혀 실현할 수 없었죠.

그런데 30년이 지난 지금, 조만간 실현 가능한 기술로 자율주행 자
동차가 손꼽힙니다. 아직은 주차를 자동으로 하고 앞차와의 거리 조
절이나 차선 이탈 등을 경고하는 수준이지만 앞으로 10년 내에 자동

차가 알아서 주행할 수 있는 시대가 올 것이라고 많은 사람들이 예상하고 있습니다.

자율주행 시스템과 더불어 미래에 우리 생활을 변화시킬 기술로 원격조정 시스템도 주목받고 있습니다. 최근에 치러진 평창 올림픽은 수많은 이슈를 만들었습니다. 사람들이 그중 무엇을 가장 놀라워했을까요? 아마 원격조정 시스템으로 움직이는 드론 아니었을까요? 평창 올림픽의 개막식과 폐막식 그리고 경기가 치러지고 있는 중에도 수많은 드론을 날려 평창 올림픽 로고, 올림픽기, 마스코트, 선수들의 운동하는 모습 등을 표현했습니다. 우리는 이 모습을 보면서 감탄하지 않을 수 없었습니다. 드론기술의 진화를 보면 원격조정 시스템의 상용화 또한 조만간 이뤄질듯합니다.

자율주행 자동차와 원격조정 시스템이 실현되면 어떤 일들이 가능할까요? 택시에 타서 목적지만 입력하면 알아서 데려다 주는 무인 택시가 생기겠죠? 무인 택배도 가능할 것입니다. 자율주행 자동차가 내가 있는 곳까지 주문한 물건을 알아서 가져다주는 거죠. 주차난도 해소될 수 있습니다. 복잡한 도심에 주차할 필요 없이 사람을 내려주고 자동차는 한적한 곳으로 이동해서 주차하면 됩니다. 운전을 할 필요가 없어지면서 자동차 내부 또한 구조적으로 변할 가능성이 높습니다. 굳이 좌석을 지금처럼 놓지 않아도 됩니다. 안을 사무실처럼 만들거나 침대를 둘 수도 있겠죠. 침대를 둔 차로 여행을 다니면 자면서도 이동할 수 있으니 훨씬 효율적이겠죠? 자율주행 혹은 원격조정 자동차가 생기면 그 다음엔 같은 시스템의 배와 비행기도 등장할 수 있습니다. 물론 드론도 생길 수 있고요.

　자율주행 자동차가 구현될 수 있다면 전기차 충전 또한 지금보다 쉬워질 수 있습니다. 자동차가 알아서 충전을 하고 올 수 있기 때문이죠. 그러니 장거리 주행을 할 필요가 없는 경우에는 (주차나 충전을 차가 자동으로 해결할 수 있다는 전제 하에) 전기차로 이동해도 불편하지 않을 것입니다. 이를 볼 때 자율주행 전기차 충전용 신재생에너지의 보급은 급격히 증가할 수 있습니다. 신재생에너지의 단점 중 하나가 공간적 제약이 있다는 것인데, 자율주행 자동차가 해결할 수 있으니까요. 도심 가까운 곳에 태양전지를 이용한 전기차 충전 시스템을 설치해 놓으면 전기차가 도심을 돌아다니다가 가까운 충전소로 이동해서 충전하고 다시 도심으로 들어가면 됩니다. 풍력 발전기도 같은 방식으로 이용할 수 있습니다. 자율주행 자동차가 풍력 발전기의 소음 문제를 해결하는 것이죠.

　전기자동차의 범위를 더 넓히면 짧은 주행거리도 해결될 수 있습니다. 수소 연료전지차나 공기금속전기차가 개발될 경우 한 번의 연료 주입으로 보다 먼 거리의 이동이 가능합니다. 수소차는 수소를 주입하면 됩니다. 수소충전소는 지금의 가스충전소와 크게 다르지 않을 것입니다. 신재생에너지로 물을 분해해서 수소를 생산한 후 저장한 수소를 연료전지 자동차에 주입하면 됩니다. 전기차를 바로 충전해서 가는 시스템과 비교하면 수소 생산 과정이 들어가기 때문에 에너지 효율 측면에서는 좋지 않을 수 있지만 대신 전기차의 가장 큰 단점인 주행거리를 획기적으로 늘릴 수 있을 것입니다. 특히 전기자동차는 온도가 낮으면 주행거리가 급격히 떨어집니다. 배터리 특성상 온도가 낮으면 이온전도도(이온을 전달하는 효율)가 떨어져 성능이 떨어지기도 하고, 또 난방을 해야 하기 때문에 주행거리가 절반이하로 떨어진다고 알려져 있습니다. 하지만 연료전지 자동차는 이러한 문제로부터 자유롭습니다.

현재까지는 금속공기전지도 마찬가지입니다. 앞에서도 언급했듯이 금속공기전지는 리튬이온전지에 비해 전력 저장 능력이 월등히 뛰어납니다. 에너지원인 금속을 교체하면 되는 시스템이기 때문에 충전 시간도 많이 소요되지 않습니다. 신재생에너지를 이용하여 산화된 금속을 환원 처리해서 금속연료를 만들고 이를 금속공기전지에 주입하여 전기차의 에너지원으로 삼는다면 지금의 전기차가 가진 짧은 주행거리의 단점을 극복할 수 있습니다.

보다 다양한 이동시스템이 구축될 수도 있습니다. 가게가 굳이 한곳에 있을 필요가 없어집니다. 미용실이 이동하면서 출근시간에 사람들의 머리를 해준다면 어떨까요? 이동식 은행이나 보험도 가능합니다. 보험 상담을 출퇴근하면서 받을 수 있다면 많은 사람들이 이용할 가능성이 있습니다. 도서관도 이동할 수 있을 것입니다. 물론 지금도 이동식 도서관이 있지만 운전기사가 항상 운전해야 하기 때문에 이에 들어가는 운영비가 적지 않습니다. 하지만 자율주행 전기차가 스스로 충전하면서 이동한다면 적은 비용으로 많은 사람들에게 도서 대여 서비스를 할 수 있겠죠. 마찬가지로 이동하면서 요리도 할 수 있으므로 푸드트럭이나 이동식 식당이 보다 활성화될 수도 있습니다. 물론 이런 시스템의 등장에 앞서 안전한 주행과 사고 시 인명의 안전 확보가 우선시 되어야겠지만 말입니다.

더 넓게 생각하면 전력송신 시스템을 대형 전기차가 대신할 수도 있습니다. 대형 전기차가 도심에서 떨어진 신재생에너지 발전소에서 전력을 저장했다가 전력이 모자란 곳으로 이동하여 전력을 공급해주는 것이죠. 연료전지 자동차가 공급해줄 수도 있겠네요. 어쩌면 전력 송신용으로 전국에 설치한 전봇대가 없어질 수도 있습니다.

이렇게 전기차가 모자란 전력을 보충해주는 매개체 역할을 하는 시대가 오면 대형 발전소보다는 신재생에너지를 이용한 소형 발전소가 훨씬 더 유리합니다. 자율주행 전기차가 한 곳에 몰리면 도로가 막힐 수 있으니 곳곳에 발전소가 고르게 분산되어 있는 편이 좋죠. 이러한 시스템이 효율적으로 작동하면 이동할 때 운전으로 소모되는 시간과 에너지를 다른 곳에 이용할 수 있게 되어 사람들이 보다 질 높은 삶을 살 수 있습니다. 물론 여행하는 사람들도 지금보다 훨씬 늘어나겠죠?

블록체인과 신재생에너지

인류의 경제 발전은 신용을 바탕으로 한 거래 덕분에 가능했습니다. 하지만 실체가 없는 신용을 바탕으로 거래를 할 수는 없습니다. 그래서 오래 전부터 화폐를 신용의 매개체로 사용했습니다. 그렇다면 화폐는 믿을 만할까요? 분명 현대 국가가 발행한 화폐 대부분은 믿을만합니다. 하지만 몇몇 국가는 극심한 인플레이션으로 자국민조차 자국의 화폐를 믿지 못하죠. 물가가 비정상적으로 빠르게 올라가면 가지고 있는 화폐의 가치가 그만큼 계속해서 떨어지니까 믿을 수 없는 것입니다. 2000년대의 짐바브웨와 2010년대의 베네수엘라가 대표적입니다.

과거 역사를 살펴보면 화폐가 그렇게 믿을 만하게 된 것도 오래되지 않았습니다. 우리나라에서도 조선 말기에 고종의 부친인 흥선대원군이 당백전(말 그대로 상평통보의 100배에 해당하는 화폐)을 발행하여 화폐가치를 떨어뜨려 경제를 혼란스럽게 했고, 1차 세계 대전이 끝난 후 독일에서도 극심한 인플레이션으로 화폐 가치가 떨어져 땔감 대신 화폐를 태워 난방을 했다는 일화도 있습니다.

그럼 언제부터 화폐가 믿을 만하게 되었을까요? 19세기 후반이나 20세기 초반에는 아무리 정부에서 발행한 화폐여도 사람들이 믿지 못했습니다. 그래서 금본위제나 은본위제를 시행하여 보완했습니다. 유럽 국가 대부분과 미국은 금본위제를 추진했고 중국은 은본위제를 채택합니다. 금본위제란 정부나 은행이 금을 보유하고 이 금의 가치만큼 화폐를 발행하여 화폐가치를 유지하는 것을 의미합니다. 사실 금으로 화폐를 만들어 유통시키는 편이 가장 좋지만 휴대가 불편하고 단위가 한정적이어서 교환이 어렵기 때문에 종이 화폐를 사용하고 대신 그 가치만큼의 금을 보관하는 것입니다. 은본위제를 실시한 중국에서는 실제로 은화를 유통시켰습니다. 중국대륙에서 장개석의 국민당과 모택동의 공산당이 전쟁하던 당시의 주된 화폐도 은화였습니다.

화폐가 믿을 만하게 된 것은 2차 세계대전 이후입니다. 2차 세계대전 후 유럽에서는 전 세계 기축통화로 국제통화인 방코르Bancor를 제안하지만 세계대전의 승리로 패권국이 된 미국은 미국달러를 기축통화로 추진합니다. 다른 나라들은 화폐를 발행하여 달러화와 바꿀 수 있게 했고 미국은 발행한 달러화만큼의 금을 보유하여 신용을 확보했습니다.

미국달러가 기축통화가 된 데는 미국이 보유한 엄청난 양의 금이 기여했습니다. 전 세계에서 미국만이 금본위제를 할 수 있을 만큼의 금을 보유할 수 있었던 데는 연합군이 나치독일과 전쟁을 치르는 와중에 구입한 막대한 군수물자를 금으로 사들인 것과 패전국인 독일과 일본에게서 전쟁보상금을 금으로 받은 영향이 큽니다.

하지만 미국은 1970년대 초 금본위제를 포기합니다. 세계경제 규모가 증가하여 금의 가치만큼의 화폐로는 감당을 할 수 없다는 이유도 있었고 베트남 전쟁으로 재정지출이 늘어난 것도 영향을 끼쳤습니다. 또한 경제가 계속 성장해 미국이 보유한 금보다도 많은 달러를 유통시킬 필요가 생겼고 전자산업이 계속 발전해 원자재 형태로 쓰이는 금을 보관만 하는 것도 경제에 좋지 않았습니다. 이후 달러가치가 폭락하고 유가가 급등하여 오일쇼크가 일어나면서 점차 세계 경제는 석유에 기반하여 성장합니다. 석유경제체제가 시작된 것이죠. 사실 지금까지도 미국 달러가 기축통화의 역할을 할 수 있는 것은 미국달러를 가지고 있으면 언제든 원유를 구입할 수 있다는 믿음이 있기 때문입니다. 그리고 미국은 이를 기반으로 지금도 승승장구하고 있습니다.

그런데 공교롭게도 2차 세계 대전의 대표 패전국가 독일과 일본에서 변화가 시작됩니다. 앞에서도 언급했지만 독일은 실질적으로 재생에너지 경제에 돌입한 세계 최초의 국가입니다. 2차 세계 대전 이후 우리나라와 마찬가지로 분단의 아픔을 겪었지만 통일을 이룩하고 급격하게 경제를 일으키며 경제대국이 된 독일은 미국이 주도하는 석유경제체제를 어떻게 하든 변화시키고 싶어 합니다. 그래서 일사량이 다른 유럽 국가에 비해 좋지 않음에도 불구하고 어마어마한 양의 태양전지를 설치하고 재생에너지경제를 시험하고 있습니다.

재생에너지경제는 석유경제와 크게 다른 점이 있습니다. 석유경제가 한 곳에서 집중적으로 원유를 정제하여 필요한 곳에 분배하는 대량생산체계라면 재생에너지경제는 여러 곳에서 분산해서 생산하고 분산 소비하는 분산에너지체계입니다. 에너지를 생산하는 주체도 정부나 대기업에서 개인으로 바뀝니다. 그런데 자기가 생산한 에너지만 소비하라는 법은 없습니다. 태양빛이 좋아서 소비량보다 많은 전기를 생산할 경우 필요한 다른 가구에 보내 사용하게 할 수 있습니다. 말하자면 에너지를 거래하는 것이지요. 거래를 하려면 신용 있는 화폐가 필요합니다.

에너지를 거래할 때마다 일일이 화폐를 지불한다면 상당히 불편할 것입니다. 소규모의 에너지를 거래할 경우에는 화폐를 주려고 이동하는 비용이 더 들 수도 있습니다. 이러한 문제를 해결하는 데 가장 적합한 화폐가 있습니다. 바로 블록체인에 기반한 가상화폐입니다. 블록체인이란 거래가 발생하면 블록 형태로 만들어 각 블록을 체인으로 묶고, 이렇게 형성된 거래 장부를 수많은 컴퓨터에 복제해 저장하여 여러 대의 컴퓨터가 기록을 검증해 해킹을 막는 시스템입니다. 이러한 시스템을 기반으로 거래되는 화폐는 실체가 없음에도 불구하고 장부가 오픈되어 있는 구조이고 해킹이 거의 불가능하기 때문에 믿을 수 있습니다. 그래서 가상화폐라고 부르는 것이죠.

소규모 에너지 발전과 저장 장치를 클라우드 기반으로 통합 관리하는 가상발전소Virtual Power Plant에서는 블록체인 기술을 거래 수단으로 활용하려고 합니다. 가상발전소는 개인이 생산한 전력을 관리하는 정보통신 시스템이라고 할 수 있습니다. 지금의 발전소는 중앙에서 통제가 가능하지만 태양전지나 풍력 발전, 소수력 발전 등의 작은 발전소가 여러 곳에서 발전을 하면 이를 관리하는 시스템이 필요한데, 가까운 미래에 가상발전소가 그 역할을 맡을 가능성이 높습니다.

현재 국내에서도 가상발전소를 구축하려 노력하고 있습니다. 지역 단위로 가상발전소가 생기면 가상발전소 내에서 개인 간에 전력을 사고파는 일이 매우 쉽게 이뤄질 수 있고, 그 거래수단으로 블록체인에 기반한 가상화폐가 쓰일 수 있겠죠. 전력은 언제 사용하느냐에 따라서 가격 차이가 큽니다. 같은 전력을 사용해도 전력이 남는 시간에 사용하면 가격이 싼 반면 전력이 모자라는 시간에 사용하면 비쌉니다. 지금은 대형발전소에서 소비 전력량을 예측하고 이에 맞게 전력 생산량을 조절합니다. 원자력 발전의 경우 전력 생산량을 조절하기가 어렵기 때문에 화력발전소 등으로 이를 조절하여 전력 공급을 원활하게 하죠. 그런데 재생에너지를 이용하는 작은 발전소가 많이 생기면 발전량 예측도 어렵고 전력의 가격변동도 더욱 복잡해질 수 있습니다. 그래서 가상발전소에 작은 발전소의 관리를 맡겨 이러한 문제점을 해결하는 것이죠. 이제 막 시작되는 기술이기 때문에 미래에 어떠한 형태로 구현될지는 좀 더 지켜봐야 알 수 있겠지만 에너지 거래에 가상화폐가 쓰일 가능성은 매우 높습니다.

가상화폐의 대표주자로 비트코인을 꼽을 수 있습니다. 비트코인은 사토시 나카모토가 2008년에 '비트코인: (거래 장부를 공유하는) 개인 간 전자화폐 시스템Bitcoin: A Peer to Peer Electronic Cash System'이라는 논문을 발표하면서 알려지기 시작했습니다. 여기서 'Peer to Peer(P2P)'란 인터넷상에서 서로 다른 컴퓨터가 연결된 상태로 정보나 파일을 공유하는 것을 의미합니다. 그러니 논문 제목을 우리말로 해석하면 '거래 장부를 공유하는 전자화폐 시스템'이라고 할 수 있겠습니다.

사실 사토시 나카모토가 누가 봐도 일본 이름이니 비트코인을 일본인이 만들었을 것이라고 예측하고 있지만 실제로 누구인지는 알려지지 않았습니다. 비트코인은 어려운 수학공식을 풀어야 얻을 수 있고 전체 채굴(비트코인을 광산에 비유하여 채굴한다고 표현합니다)할 수 있는 비트코인 개수가 2100만 개로 한정되어 있으며 다양한 거래 단위를 위해 센티코인, 밀리코인, 마이크로코인, 그리고 나노코인에 해당하는 사토시(비트코인의 창시자를 기념하고자 자기 이름으로 단위를 만들었다고 합니다)로 나눠져 있습니다.

비트코인은 계좌가 인터넷상에 존재하기 때문에 휴대할 필요가 없으며 인터넷이 가능한 곳이라면 전 세계 어디서나 사용할 수 있기 때문에 환전이 필요 없다는 장점이 있습니다. 전체 비트코인 개수가 한정되어 있기 때문에 추가 발행으로 화폐 가치가 떨어지는 것을 염려할 필요도 없습니다.

반면 단점도 있습니다. 우선 화폐 가치에 대한 우려입니다. 정부가 아닌 개인이 화폐를 발행한 것인데, 만약의 상황에서 누가 이 화폐를 보증할지가 명확하지 않습니다. 주화의 경우 금속으로 만들기 때문에 그 자체의 가치가 있지만 비트코인은 가상화폐라 화폐 자체의 가치도 없습니다. 화폐를 발행하는 주체인 정부나 은행 입장에서도 가상화폐인 비트코인은 탐탁지 않습니다. 실제로 몇몇 정부에서는 익명으로 계좌를 만들 수 있기 때문에 비트코인이 돈세탁이나 검은돈을 거래하는 데 악용된다고 비판합니다. 해킹으로부터 완벽하게 자유롭지 못하다는 문제점도 있습니다. 아무리 잘 만든 시스템이라 하더라도 더욱 기발한 발상으로 시스템의 문제점을 파고든다면 해킹이 가능할 수 있습니다. 블록체인에 기반한 가상화폐가 해킹당했다는 뉴스가 가끔 등장하기도 합니다. 그렇지만 앞에서 말했듯 거래 장부가 오픈되는 구조이기 때문에 익명으로 계좌를 만들 수 있는 부분만 해결하면 그 어느 화폐보다 투명하고 돈세탁으로부터 자유로운 화폐가 될 수도 있습니다.

전 세계 정부 대부분은 비트코인을 인정하려 하지 않지만 예외적으로 독일 정부는 2013년에 비트코인을 지급결제 수단으로 인정했습니다. 2017년이 되어서야 일본이 비트코인을 통화로 인정한 것과 비교하면 매우 빠른 결정이었습니다. 독일이 최초로 비트코인을 인정한 것과 재생에너지경제 시스템에 진입한 최초의 국가가 독일인 것의 상관관계가 있을지는 모르겠지만 변화에 가장 앞선 국가가 독일인 것은 분명한듯합니다.

생체 보조 로봇과 바이오배터리

자신의 키를 필요에 따라 바꿀 수 있는 사람이 있을까요? 어떨 때는 키를 키우고 어떨 때는 키를 줄일 수 있다면 어떨까요? 만화나 공상과학영화에서는 가능하지만 실제로 키를 키우거나 줄일 수는 없습니다. 그런데 인체에 생체 보조 로봇 Bionics, 일명 바이오닉스를 적용한 사람이라면 이것이 가능할 수 있습니다. 실제로 MIT 공대의 휴 허Hugh Herr 교수는 TED 강의에서 이런 이야기를 합니다. 만나는 사람에 따라서 키를 조절한다고 말입니다.

휴 허 교수의 인생은 말 그대로 드라마입니다. 그는 어릴 때부터 촉망받던 암벽 등반가였는데, 열여덟 살에 얼음 등반을 하던 중 조난을 당합니다. 다행히 구조되었지만 동상 때문에 양쪽 무릎 아래 다리를 절단해야 했습니다. 장애인이 된 이후 그는 직접 디자인하고 제작한 의족을 착용하고 다시 얼음벽 등반에 성공했습니다. 심지어 그냥 성공한 것이 아니라 장애가 없을 때보다 더 빠른 속도로 등반을 할 수 있었습니다. 의족과 보형물이 그의 능력을 향상시킨 것이죠. 많은 공상과학물에서 다룬 증강Augmentation 신체를 실제로 보여준 사례입니다.

그런데 그는 여기서 그치지 않습니다. 물리학과 기계공학을 전공하고 우리에게는 좀 생소한 학문인 생물리학Biophysics으로 박사학위를 받습니다. 그리고 자신이 석사학위를 받은 모교인 MIT 공대의 교수가 됩니다. 이 후 자신을 포함하여 장애를 가진 사람들을 위한 생체 보조로봇, 일명 바이오닉스 연구를 진행합니다. 그의 연구 덕분에 많은 장애인이 보통 사람처럼 걸을 수 있게 되었습니다. 한 쪽 다리가 절단된 군인이 아이를 업고 뛰는 장면과 한쪽 발이 없는 댄서가 다시 춤을 추는 장면은 유튜브 동영상으로 공개되어 많은 사람들에게 감동을 주었습니다.

그가 개발한 바이오닉스는 근육의 움직임을 파악하고 중량과 관절의 위치를 지속적으로 감지하여 자연스럽게 걸을 수 있도록 해줍니다. 더불어 평상시에는 부드러워 휘어지지만 전압을 걸면 딱딱해지는 인공피부를 적용하여 마치 사이보그가 현실에 등장한 것처럼 느껴집니다. 영화가 현실이 된 것이죠.

그가 개발한 다양한 바이오닉스는 전원이 필요합니다. 실제로 휴

휴 허 교수가 개발한 바이오닉스 의족

허 교수가 보유한 컴퓨터로 조절되는 인공 무릎, 충전식 발, 혹은 발
보조기구 등의 특허는 모두 배터리로 작동하는 시스템입니다. 그런
데 매일 바이오닉스를 충전해야 한다면 어떨까요? 활동량에 따라 다
르겠지만 어쩌면 오전과 오후로 나눠 하루에 두 번 충전해야 할 수도
있습니다. 활동량이 많은 군인이 바이오닉스를 착용한다면 군인의

업무를 충실히 수행할 수 있을까요?

지금까지 개발된 대부분의 바이오닉스는 이처럼 전원이 필요한 시스템입니다. 인공 망막의 경우 카메라로 촬영한 영상을 전기신호로 변환해 뇌 속에 삽입된 마이크로 칩으로 전송하고 마이크로 칩으로 전송된 전기신호가 시신경을 자극하여 시력을 회복시키는 원리입니다. 물론 뇌 속의 마이크로칩은 전원이 필요합니다. 인공 귀도 마찬가지입니다. 마이크로폰과 음성 처리 장치가 소리를 적절한 전기신호로 변환한 후 전송해 이 신호로 청신경을 자극합니다. 인공 심장에는 펌프와 압축공기가 필요하고 인공 피부도 전기신호가 필요합니다. 모두 전원이 필요한 것이죠.

그렇다면 생체에서 사용할 수 있는 전기화학기기는 없을까요? 있습니다. 바이오배터리는 생체 내에서 생기는 포도당을 이용하여 전력을 생산할 수 있는 기기입니다. 더운 여름, 야외활동을 하는 사람들은 온열질환을 예방하려고 식염 포도당을 섭취하곤 합니다. 식염은 땀으로 손실되는 염을 보충하여 신체 내 전해질의 농도가 낮아지는 것을 방지하고 포도당은 에너지를 공급합니다. 탄수화물을 먹어도 소화과정을 거쳐 포도당이 생성됩니다. 포도당은 우리 몸의 에너지원으로 사용되고 남는 포도당은 나중을 위해 지방으로 축적됩니다. 이때 축적된 지방이 사용되기도 전에 탄수화물을 섭취하면 계속 지방이 축적됩니다. 살이 찌는 것이죠. 현대인 대부분이 별로 좋아하지 않는 현상입니다. 그런데 남는 포도당으로 전력을 생산한다면 어떨까요? 생산한 전기는 신체를 증강시키는 데 사용할 수 있습니다. 바이오닉스의 전원으로 사용한다는 말이죠.

포도당으로 생산한 전기는 휴대전화를 충전하는 데도 사용할 수 있습니다. 물론 아직까지 기술적으로 넘어야 할 벽이 많지만 이론적으로는 충분히 가능합니다. 내가 먹은 탄수화물이 나를 살찌우지 않고 내 휴대전화 혹은 태블릿 PC, 컴퓨터, 노트북 등을 충전한다면 어떨까요? 그저 상상일 뿐일까요? 과학기술의 발달을 살펴보면 대부분 우리가 상상하는 대로 현실화되었습니다.

바이오배터리Biobattery는 어떻게 작동할까요? 바이오배터리는 다른 전기화학기기와 마찬가지로 음극, 양극, 전해질로 구성되어 있습니다. 음극에서는 포도당Glucose이 산화되어 글루코노락톤Gluconolacton과 두 개의 양성자 그리고 두 개의 전자가 생성됩니다. 생성된 양성자 두 개는 양극으로 이동하여 산소 및 회로를 따라 돌아온 전자 두 개와 만나 물이 됩니다. 포도당이 산화되는 반응과 산소가 환원되는 반응의 전위차 때문에 전력이 형성되는 것이죠. 현재까지는 전압이 0.5볼트 이하로 다른 전지에 비해서 낮고, 전력도 제곱센티미터 면적에서 수십 마이크로와트 수준으로 낮아서 상용화되려면 성능 향상이 필요한 상황입니다. 하지만 바이오배터리는 지속적으로 포도당만 공급되면 안정적으로 전력을 생산할 수 있습니다. 바이오닉스와 같이 사용하기 적합한 형태죠. 게다가 글루코노락톤은 자유라디칼free radical(활성산소) 제거 능력이 있는 항산화물질입니다. 노화 방지에 좋겠죠? 두부 응고제로 쓰일 만큼 인체에 무해한 물질이기도 하고요.

리튬이온전지의 상용화에 최초로 성공한 전자회사 소니SONY가 바이오배터리 연구를 진행하고 있습니다. 2007년 환경전문 매체 인해비타트inhabitat의 보도에 따르면 소니에서 포도당 만으로 50밀리와트의 전력을 생산하는 바이오배터리를 개발했으며 개발된 바이오배터리를 이용하여 작은 MP3 플레이어를 구동하는 모습을 시연한 사진을 공개했습니다. 이는 2012년 BBC 뉴스에도 소개되었습니다. 보도에 따르면 소니에서 개발한 바이오배터리는 버려진 종이를 분해하여 전력을 생산한다고 합니다. 작게 자른 종이를 분해하여 설탕(당)을 만들고 이것으로 전력을 생산하는 것이죠. 이 뉴스가 보도된 이후로 바이오배터리를 종이전지Paper Battery 혹은 설탕전지Sugar Battery라고 부르기도 합니다.

이처럼 인체 내에서도 작동이 가능하고 버려진 종이로 전력을 생산할 수도 있는 바이오배터리는 현재보다는 미래의 인류에게 유용한 기술이 될 가능성이 매우 높아 보입니다.

화석에너지를 대체할 인공 광합성

'Aim High'라는 말이 있습니다. 우리말로 하면 '뜻하는 바를 높게', '목표를 원대하게'쯤 됩니다. 달성하기 어려운 목표의 기준은 사람마다 다를 수 있습니다. 각자의 능력도, 처한 상황도 모두 다르니까요. 그런데 이 사람보다 원대한 목표를 세운 사람도 드물 것입니다. 영화 <아이언맨>의 실제 모델로 유명한 앨론 머스크인데요, 그는 스페이스 X, 테슬라모터스, 솔라시티의 대표이사를 맡고 있습니다. 그가 하는 사업은 따로 놓고 보면 연관성이 없어 보이지만 사실은 하나의 목표를 가지고 있는데, 바로 인간의 화성 이주입니다. 그야말로 원대한 목표입니다. 스페이스 X는 화성까지 갈 수 있는 우주선을, 테슬라모터스는 화성에서 타고 다닐 수 있는

화성 탐사 로봇 오퍼튜니티

전기차를, 솔라시티는 방전된 전기차를 충전할 수 있는 태양전지를 만들고 있습니다.

화성에 생명체가 있는지 없는지는 오랜 인간의 관심사입니다. 태양계에서 지구와 가장 비슷한 행성이 화성이기 때문입니다. 그래서 화성탐사 로봇을 화성에 보내 여러 정보를 얻기도 하는데, 얼마 전에는 가장 오랫동안 탐사를 수행하던 로봇 오퍼튜니티Opportunity가 2개월 동안 깨어나지 못하고 있다는 기사가 나오기도 했습니다. 그런데 이 로봇 오퍼튜니티의 모습을 보면 태양전지로 덮인 전기 자동차에 카메라가 튀어나와 있습니다. 이제 왜 엘론 머스크가 전기자동차와 태양전지 사업을 하는지 알 수 있겠죠? 화성에서 쓰일 수 있기 때문입니다.

화성의 반지름은 3397킬로미터로 6378킬로미터인 지구에 비해 작습니다. 그래서 중력이 약해 인간이 대기에 노출될 수 없을 만큼 대기압도 낮습니다. 하지만 화성은 자전과 공전을 하고 자전 시간이나 경사각도 지구와 유사할 뿐만 아니라 대기가 이산화탄소로 이뤄져 있고 생명체 구성에 기본이 되는 물질도 가지고 있습니다. 특히 적은 양이지만 산소가 있고 표면에는 물이 흐른 흔적이 있으며 지하에 거대한 얼음 덩어리가 있을 것으로 추정되고 있습니다. 분명 인류가 살만한 곳으로 만들 가능성이 충분하지요. 화성은 이전에는 훨씬 지구와 유사했다고 알려져 있습니다. 대기도 충분했으며 물도 있었는데 오랜 시간이 지나며 대기가 줄어들고 물도 사라진 것으로 보고 있습니다.

화성을 인류가 살만한 곳으로 만들려면 우선 지구와 환경을 유사하게 만들어야 합니다. 테라포밍Terraforming이라고 불리는 이 방법은 세 가지 과정을 필수적으로 포함하고 있습니다. 첫째는 자기권Magnetosphere의 형성, 둘째는 대기의 형성, 셋째는 온도의 상승입니다.

먼저 자기권의 형성은 태양풍Solar Wind에서 인간을 보호하기 위해 필요합니다. 태양풍은 태양 대기의 바깥층을 구성하는 부분인 코로

나에서 발생하는데, 전자나 양성자처럼 전하를 띠는 물질들과 함께 방사됩니다. 그래서 자기권이 형성되어 있으면 태양풍도 이에 영향을 받아 이동합니다. 자기권이 형성되어 있는 지구에서는 태양에서 방출된 전하를 띠는 입자들이 북극이나 남극과 같은 극지방으로 이끌려와 대기로 진입하는데, 이때 입자들과 공기분자가 반응하여 빛을 내는 현상이 오로라입니다.

지구 내부는 고체로 된 내핵, 액체로 된 외핵 및 점성이 강한 탄성 고체인 맨틀로 구성되어 있습니다. 외핵에는 철과 니켈 같은 금속이 녹은 형태로 존재하는데, 이 또한 액체이기 때문에 온도가 높은 물질은 위로 올라가고 온도가 낮은 물질은 아래로 내려가는 대류현상이 발생합니다. 이러한 현상과 지구 자전에 의해 유도전류가 형성되면서 지구 자기장이 생겨납니다. 화성에는 이 유도전류가 형성되지 않아 자기장이 없는 것이지요.

이처럼 자기권이 형성되어 있지 않고 대기도 지구에 비해 희박한 화성에서는 태양풍으로 유입되는 전하를 띤 입자가 생명체에 그대로 영향을 줄 수 있기 때문에 위험할 수 있습니다. 만약 자기권 형성이 불가능하다면 생명체를 보호할 다른 구조물이 필요합니다.

대기 형성과 온도 상승은 상관관계가 있습니다. 대기가 더 많이 형성되면 온실효과 때문에 온도가 올라가고, 온도가 올라가면 더 많은 대기가 형성됩니다. 지구에서는 이산화탄소 방출 때문에 온실효과가 문제가 되지만 온도가 낮은 화성에서는 오히려 온도를 높이고자 이

산화탄소보다 온실효과가 더 높은 물질을 방출해야 할 필요성이 있습니다. 또한 이산화탄소가 대부분인 대기를 생명체가 숨 쉴 수 있는 산소를 포함한 대기로 바꾸어야 합니다.

지질학자들은 지구의 원시대기에도 산소가 없었을 것으로 추정합니다. 그렇다면 지구의 대기에 20퍼센트나 존재하는 산소는 어떻게 만들어졌을까요? 태양에서 온 고에너지 자외선이 대기 상층에 있는 수증기를 분해하여 산소를 생성했습니다. 이때 동시에 생성된 수소는 가벼워서 중력에서 벗어나 우주로 방출되고, 산소만 남아 대기를 형성한 것이지요. 그런데 수증기의 광화학적 분해를 바탕으로 지구의 나이 만큼인 약 46억 년 동안 축적되었을 산소의 양을 계산하면 현재 대기 중에 있는 산소보다 양이 적은 것으로 나타난다고 합니다. 그러니까 이것 외에 다른 방법으로도 산소가 생겨난 것이죠.

다른 하나는 광합성입니다. 현재 지구상의 동물이 소비하는 산소 대부분이 식물의 광합성 작용으로 생성됩니다. 동물이 호흡을 하면서 산소를 흡입하고 이산화탄소를 배출하면 식물은 광합성 작용으로 이산화탄소를 다시 산소로 돌려놓습니다. 광합성은 주로 식물의 잎에 포함되어 있는 엽록체에서 이뤄지는데, 물과 이산화탄소를 빛 에너지를 이용해 포도당과 산소로 바꿉니다. 앞서 에너지 혁명 5장에서도 언급한 물질인 포도당은 식물이나 동물 모두에게 에너지원으로 매우 유용합니다.

광합성을 하는 미생물도 있습니다. 여름철에 기온이 올라가고 수

질이 나빠지면 생기는 남조류가 그렇습니다. 최근 낙동강이나 금강 등에서 자주 발생하여 사람들이 '녹조라테'라고도 칭하는 청록색의 물질 덩어리가 이것인데, 시아노 박테리아라고도 불리는 이 미생물은 광합성을 합니다. 10억 년 이상 전, 지구에 식물이 자라나기 전에는 남조류가 광합성을 하여 산소를 생성했을 것으로 추정됩니다. 남조류는 매우 악조건 속에서도 살아남아 광합성을 할 수 있습니다. 미국 항공우주국NASA의 행성탐사 프로젝트에도 참여한 천체물리학자이자 생물학자인 칼 세이건 교수는 남조류가 화성과 같은 대기 조건에서 살아남는지 실험했습니다. 그 결과 남조류가 화성의 대기 조건에서도 살아남을 뿐만 아니라 급격하게 번식해 다량의 산소를 방출할 수 있다는 결과를 얻었습니다. 칼 세이건 교수의 예측에 따르면 화성에 남조류를 살포하여 지구 대기와 유사한, 즉 인간이나 동식물이 살 수 있는 조건으로 만들려면 약 300년이 필요하다고 합니다.

300년은 인류의 역사 전체로 보면 길지 않은 시간 같지만 관련 연구를 하는 사람 입장에서는 매우 긴 시간입니다. 그렇다면 시간을 줄일 수 있는 방법은 없을까요? 인공광합성을 이용하면 보다 빨리 대기를 바꿀 수도 있습니다. 인공광합성은 햇빛을 이용하여 물과 이산화탄소를 탄화수소 및 산소로 변환하는 일련의 과정을 일컫는 말입니다. 생명체에서 가능한 광합성을 인공적으로 하는 것이기 때문에 생체모사 방법Biomimetic Method의 일종으로 분류됩니다. 인공광합성이란 개념이 생겨난 지는 100년 정도 되었지만 실제적으로 연구가 시작된 것은 광촉매에 의해 물이 분해될 수 있다는 연구결과가 발표된 1960년대 후반 이후입니다.

인류가 산업혁명을 거치면서 석탄이나 석유 등의 화석에너지를 사용하여 급격히 발전한 것을 부인할 수는 없습니다. 하지만 화석에너지는 무한히 채굴할 수 없는 한정된 자원입니다. 게다가 화석에너지 사용으로 발생하는 미세먼지와 이산화탄소는 환경오염과 지구 온난화라는 커다란 문제를 일으키고 있습니다. 인공광합성을 하게 되면 태양에너지를 이용하여 에너지를 얻을 수 있으므로 이러한 문제에서 자유로울 수 있습니다. 특히 화석에너지가 고갈된 후 매우 유용한 기술이 되겠죠.

하지만 현실적으로 인공광합성은 대단히 어렵습니다. 식물은 광합성 과정을 통해 이산화탄소에서 포도당을 얻지만 사실 현재 기술로는 인공적으로 빛 에너지를 이용하여 이산화탄소에서 포도당을 얻기란 거의 불가능합니다. 그래서 보다 단순한 유기물질을 목표로 연구가 진행되고 있고, 자연의 섭리는 여전히 위대하게 느껴집니다.

뒤에 전화기 11에서도 다룰, 물을 분해하여 수소를 만드는 광전기화학전지가 인공광합성에 포함됩니다. 초기에는 하나의 시스템에서 산화반응과 환원반응이 동시에 일어나서 수소와 산소가 생성되는 방식으로 연구되고 있었지만 수소와 산소를 분리하는 데도 어려움이 있어 지금은 음극과 양극 그리고 전해질로 구성되는 형태로 연구되고 있습니다. 전형적인 전기화학기기인 것이죠.

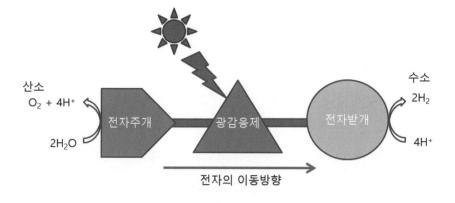

산소
$O_2 + 4H^+$

전자주개

$2H_2O$

광감응제

전자받개

수소
$2H_2$

$4H^+$

전자의 이동방향

산화촉매와 환원촉매가 광감응제에 연결된
삼위일체 구조 물 분해 시스템

음극과 양극 및 전해질 외에 햇빛을 받아서 전자를 여기시킬 수 있
는 광감응제도 필요합니다. 전자가 여기된다는 것은 전자가 빛 에너
지를 받아 낮은 에너지에서 높은 에너지로 이동한다는 의미입니다.
양수기로 아래쪽에 있는 물을 위쪽으로 옮기면 에너지를 사용할 수
있듯이 전자가 여기되면 여기된 전자의 에너지를 사용할 수 있습니
다. 전자를 여기시킬 수 있는 광감응제가 없으면 흡수할 수 있는 햇빛
의 양이 한정되어 효율을 높게 내기가 어렵습니다.

최근에는 광감응제의 한쪽에는 산화촉매, 다른 한쪽에는 환원촉
매가 붙어 있는 형태의 삼위일체형 시스템도 많이 연구되고 있습니
다. 그림에서 '전자주개'라고 쓰여 있는 촉매가 산화촉매입니다. 산화
촉매는 물을 산화시켜 산소와 양성자로 분해하면서 전자를 광감응제
에 전해주는 역할을 하고, 광감응제는 햇빛을 받아 전자를 에너지가

높은 상태로 여기시켜 환원촉매에 전달해줍니다. 그러면 환원촉매에서 양성자를 환원시켜 수소로 만듭니다.

물을 분해하여 수소와 산소를 만드는 과정은 인공광합성 중 가장 간단한 시스템입니다. 식물의 광합성에 보다 근접한 형태인 이산화탄소를 환원시켜 탄화수소를 만드는 시스템은 더 복잡하고 효율도 대부분 1퍼센트 이하로 매우 낮습니다. 최근 상용화된 태양전지의 효율이 약 20퍼센트임을 감안하면 매우 낮은 수치입니다. 하지만 계속해서 연구개발하면 효율은 꾸준히 상승할 것입니다. 그리고 화성에서는 대기가 대부분 이산화탄소로 되어 있고 햇빛이 지구보다 강하기 때문에 더 효과적으로 작동할 수 있습니다.

요즘은 두 가지 이상의 방법을 융합하여 사용하는 하이브리드가 대세입니다. 그러니 화성에서도 남조류와 같은 미생물 살포와 더불어 인공광합성을 같이 사용한다면 보다 빠른 시간 안에 화성을 지구처럼 생명체가 살 수 있는 행성으로 바꿀 수 있을 것입니다. 화성에서도 전기화학기기가 쓰이는 날이 오길 기대해봅니다.

인공지능과 에너지 전환

4차 산업혁명의 핵심은 인공지능Artificial Intelligence이라 할 수 있습니다. 인공지능의 발전은 지식knowledge의 축적, 지능intelligence의 형성, 그리고 지혜로운wisdom 판단의 3단계로 구분합니다. 현재 컴퓨터와 인터넷 통신의 발달로 지식의 축적 단계는 완료되었고, 이미 상당한 지능 또한 형성된 것으로 판단하고 있습니다. 지능의 형성은 아는 것을 기반으로 연산을 하거나 복잡한 현상을 판단하는 단계입니다. 인공지능 알파고는 이세돌과의 바둑 대결을 통해 인공지능이 연산을 수행하는 수준이 매우 높은 단계에 진입했음을 알렸습니다. 아이비엠IBM 사의 왓슨Watson은 의사보다도 더 정확하고 빠르게 환자의 암을 진단하고 있습니다. 인공지능이 복잡한 현상을 판단할 수 있음을 증명한 것이죠. 마지막 발전 단계인 지혜로운 판단은 인간이 생각하는 윤리와 도덕성을 고려하면서 미래를 예측하여 올바르고 현명한 판단을 할 수 있는 단계를 의미합니다. 인공지능이 지혜를 가지면 인간의 삶도 많은 측면에서 바뀌리라 예측되고 있습니다. 일례로 축구 경기의 심판이 인공지능으로 대체될 경우를 생각해 볼 수 있습니다. 지금은 축구 경기를 할 때 심판의 성향에 따라 경기의 분위기가 좌우될 수 있지만, 인공지능이 지혜를 갖추면 감정이 없기 때문에 보다 공정한 경기를 진행할 수 있습니다. 또한 여러 대의 카메라만 있으면 공정하게 심판을 볼 수 있기 때문에 심판이 경기장에서 선수들과 같이 뛰는 것 때문에 생기는 간섭 효과도 없어집니다. 그러면 관중들이 경기에 더 잘 집중할 수 있겠죠.

이러한 인공지능은 에너지 분야에도 꼭 필요합니다. 지금 인류는 에너지의 전환 시대를 살고 있습니다. 화석에너지 시대에서 재생에너지(친환경에너지) 시대로의 전환이죠. 도로에 급격히 늘어난 전기차를 보면 에너지 전환을 실감할 수 있습니다. 그런데 인공지능이 에너지 전환에 왜 꼭 필요할까요? 에너지 전환 분야에서 가장 앞서가고 있는 독일을 예로 들어보겠습니다. 독일이 에너지 전환 정책을 시작한 것은 1990년입니다. 꽤 오래되었죠? 독일의 에너지 전환정책의 시작은 1986년에 우크라이나 공화국에서 발생한 체르노빌 원전사고 때문이었습니다. 원자력 발전 사고를 옆에서 지켜본 독일은 원전의 위험성을 파악하고 '1000개의 지붕' 프로그램을 시작하여 지붕 위에 태

독일 하스푸르트에 설치된 연료전지형 수전해 시스템

양전지를 설치하는 등 대체에너지를 찾기 시작했습니다. 단계적으로 재생에너지를 늘리는 재생에너지법Renewable Energy Sources Act과 2050년까지 95퍼센트의 이산화탄소를 줄이는 기후대응법Climate Action Law도 시행되었습니다. 현재 독일정부는 2022년까지 원전 폐기, 2038년까지 석탄발전소 폐기를 목표로 하고 있습니다. 이에 따라 많은 풍력 발전기, 태양광 발전기, 바이오메스 생산기 등이 설치되었고 전력의 약 40퍼센트 가량을 재생에너지로 대체했습니다. 특히 하스푸르트Hassfurt와 같은 몇몇 지역은 이미 에너지 수요를 100퍼센트 충당하고도 남을 만큼의 전력을 재생에너지로 생산하고 있습니다.

그런데 화석에너지와 원자력에너지에서 친환경에너지인 재생에너지로 에너지를 전환하자 여러 가지 새로운 문제가 생겼습니다. 이는 화석에너지, 원자력에너지와 재생에너지의 근본적인 특성 차이 때문입니다. 화석에너지나 원자력에너지의 특징을 두 단어로 나타내면 '대량 생산Mass Production'과 '분배Distribution'입니다. 전력 수요를 파악한 후 그에 맞는 대형 발전소를 세워 전력을 생산해 수요가 있는 곳에 분배하는 시스템이죠. 그리고 에너지를 생산하는 곳과 소비하는 곳이 거리가 있기 때문에 분배를 할 때는 에너지 손실이 적도록 고전압 배전망, 중전압 배전망, 저전압 배전망으로 차례대로 송전하면 됩니다.

하지만 재생에너지는 화석에너지나 원자력에너지와는 성격이 다릅니다. 재생에너지의 특징을 두 단어로 나타내면 '참여Participation'와 '통합Integration'입니다. 재생에너지의 대표주자인 태양광 발전과 풍력 발전을 살펴보면 개인 주택의 지붕이나 개인 소유의 땅에 설치하여야 합니다. 한 곳에서 대량 생산할 수 있는 화석에너지나 원자력에너지와 달리 여러 곳에서 다양한 방법으로 생산을 해야 하는 것이죠. 그래서 많은 사람들의 참여가 필요합니다. 주택에도, 언덕에도, 산에도 설치해야 합니다. 에너지를 소비만 하던 사람들이 에너지를 생산하기 시작하면서 생산소비자Prosumer라는 말도 생겨났습니다.

그런데 재생에너지를 활용하여 생산된 전력은 수요 예측과 공급이 훨씬 더 복잡합니다. 바람이 언제 많이 불지, 햇빛이 언제 강하게 내리쬘지 예측하기도 쉽지 않을 뿐만 아니라 예측한다 해도 더 많이 생산된 전력을 소비하기가 만만치 않다는 문제점이 있습니다. 그래서 통합 시스템이 필요합니다. 여러 재생에너지를 단위별로 하나의 시스템으로 모으는 사람을 통합자aggregator, 통합자를 통하여 구축된 시스템을 앞에서 잠깐 언급한 가상발전소라고 부르며 이렇게 구축된 전력계통grid을 마이크로 그리드micro grid라고 부릅니다. 마이크로 그리드는 낮은 전압으로 여러 재생에너지 시스템을 연계해야 하기 때문에 이전의 전력망과는 성격이 매우 다르며 통신과 연계된 스마트 그리드 시스템이 필수입니다.

여기서 인공지능은 가상발전소에 필요합니다. 가상발전소는 단지 재생에너지를 통합만 하는 시스템이 아닙니다. 재생에너지는 비용이 비싸기 때문에 효율적으로 생산 및 소비를 하는 것이 매우 중요한데, 이를 가능케 하는 것이 바로 가상발전소입니다. 소비 전력보다 두 배에서 세 배 많은 전력을 재생에너지로 생산하는 독일의 작은 마을 하스푸르트에는 이미 이러한 시스템들이 설치되어 있습니다. 초기 단계의 가상발전소가 하는 일은 전력 생산 예측, 전력 소비 예측, 실시간 전력 송수신 및 남은 전력 저장입니다. 전력 생산 예측은 설치된 재생에너지원과 일기예보를 바탕으로 수행합니다. 전력 소비 예측은 각 전력소비자가 어떠한 패턴으로 전력을 사용하는지를 데이터베이스화한 자료를 바탕으로 예측합니다. 이에 더해 생산된 전력을 필요한 곳으로 송신하고 남은 전력은 배터리에 저장하기도 하는 것이죠.

발전된 단계의 가상발전소는 좀 더 복잡한 연산을 수행해야 합니다. 사람이 사용하는 에너지는 전력만이 아닙니다. 난방이나 요리를 하려면 가스가 필요합니다. 또 요리를 하거나 씻으려면 물이 필요하죠. 이러한 모든 에너지를 효율적으로 사용할 수 있도록 물 계량기, 가스 계량기 등에 사물인터넷IoT: Internet of Things을 설치하여 사용량을 자동으로 계측하고 조절합니다. 물 계량기 및 가스 계량기에 통신 기능이 추가된 것을 스마트 미터링smart metering이라고 합니다. 이러한 모든 데이터를 바탕으로 가장 효율적으로 에너지를 생산 소비하는 접점을 찾아내는 것이 인공지능이 하는 일입니다. 또 남은 전력을 배터리에 저장하는 것은 한계가 있기 때문에 전기를 사용한 물 분해 방법(수전해방법)을 이용하여 수소를 생산하고 탱크에 저장하기도 합니다. 가스 소비량이 많으면 수소를 탱크에 저장하지 않고 천연가스망에 5퍼센트까지 섞어서 흘려보냅니다. 그러면 난방을 할 때 천연가스와 함께 수소를 연소시켜 보일러를 돌릴 수 있죠.

이렇게 모든 구성요소를 고려하여 최적의 효율을 낼 수 있도록 판단하려면 인공지능의 능력이 상당한 수준이어야 합니다. 그래서 보통은 가상발전소 시스템을 효율적으로 관리하기 위해 디지털 트윈 digital twin(가상 쌍둥이)을 만듭니다. 디지털 트윈은 가상발전소가 관리하고 있는 모든 에너지 생산 및 소비 개체를 컴퓨터상에 동일하게 만들어 가장 효율적인 방법을 찾아내는 시스템입니다. 즉 컴퓨터상에 우리 집과 똑같이 전력과 물을 소비하고 난방을 하며 전력을 생산하는 시스템을 가상으로 쌍둥이처럼 만들어놓는 것입니다. 이후 우리

마을을, 우리 도시를 컴퓨터상에 만드는 식으로 개념을 확대하는 것이죠. 디지털 트윈을 가상발전소가 관리하는 범위까지 똑같이 만들면 가장 효율적으로 에너지를 생산 소비할 수 있는 최적점을 찾기가 훨씬 용이합니다. 물론 이러한 일련의 일들은 4차 산업혁명과 에너지 혁명이 통합되어야 가능합니다.

그런데 인공지능에 인간이 생각하는 윤리와 도덕성이 왜 필요할까요? 만약 사물인터넷이 보편화되고 가상발전소가 운영되기 시작하면 데이터베이스가 쌓이면서 인공지능이 사람들이 무엇을 하는지, 생활패턴은 어떤지 전부 파악할 수 있게 됩니다. 아침에 몇 시에 일어나는지, 요리나 샤워는 언제 하는지, 주말에 여행을 가는지 안 가는지, 손님이 오는지 등 그야말로 모든 사생활을 데이터로 구축하는 것이죠. 이때 인공지능에게 윤리와 도덕성이 없으면 이 데이터를 안 좋은 방향으로 사용하거나 개인의 사생활을 공개하는 등의 부작용이 생길 수 있습니다. 이를 사전에 방지하기 위해 프로그램을 구축하는 단계에서 도덕성 있는 인공지능이 필요한 것입니다. 하지만 어떻게 올곧은 판단을 하는 지혜로운 인공지능을 구축할지는 여전히 숙제로 남아있습니다.

2장
전화기

최초의 전지: 볼타전지

전지電池는 한자로 '전기의 연못'이라는 뜻입니다. 물을 저장하는 곳이 연못이니 전기를 저장할 수 있는 장치는 전지인 셈이죠. 이 전지는 언제 처음 등장했을까요? 오래전에 바그다드 전지가 있었다고는 하지만 실질적으로 볼타전지가 전지의 시초라고 볼 수 있습니다.

전지를 영어로는 '셀Cell' 혹은 '배터리Battery'라고 부르는데, 셀은 저장의 의미가 강하고, 배터리는 전자의 흐름에 의미를 더 둔 용어입니다. 야구에서 투수와 포수를 함께 일컬을 때 배터리라고 합니다. 투수는 공을 던지고 포수는 공을 받기 때문이죠. 마찬가지로 전지에서도 한쪽(음극)은 전자를 내주고, 다른 한쪽(양극)에서는 전자를 받습니

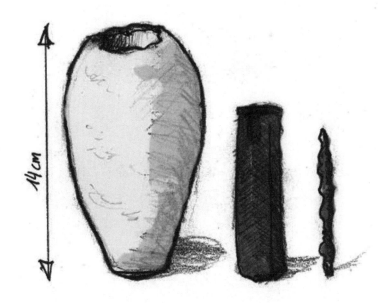

바그다드 전지

다.

개구리 뒷다리 실험은 전지의 발명에 크게 기여한 실험입니다. 구리와 아연을 전극으로 사용하는 가장 기본적인 구조의 전지를 갈바니전지 혹은 볼타전지라고 부르는데, 갈바니가 개구리 뒷다리 실험으로 전지를 발명할 수 있도록 기반을 세우고 볼타가 이를 바탕으로 개발했기 때문입니다.

먼저 실험을 시작한 것은 갈바니입니다. 1789년, 갈바니는 서로 다른 금속, 예를 들어 구리와 아연이 연결된 채로 죽은 개구리 뒷다리의 서로 다른 부분에 접촉하면 뒷다리가 수축하는 것을 확인합니다. 갈

소금물에 적신 천으로 분리된 구리금속과 아연금속층으로 만든 볼타전지

바니는 이러한 현상이 일어나는 이유를 동물이 생성하는 전기 때문이라고 판단하고 이를 동물전기animal electricity라고 명명합니다. 아마도 이러한 실험에 기반을 두어 죽은 사람이 벼락을 맞으면 살아 움직인다는 기발한 아이디어의 『프랑켄슈타인』이라는 소설이 탄생했을 것으로 추측됩니다.

하지만 볼타는 전기가 동물에서 생성되는 것이 아니라 서로 다른 금속을 연결해서 발생한다고 생각했습니다. 볼타가 이렇게 생각한 가장 큰 이유는 개구리 뒷다리에 같은 금속을 연결하면 아무 반응이 없고 서로 다른 금속을 연결해야만 움직였기 때문입니다. 볼타는 높은 전압을 얻으려고 아연과 구리 사이에 소금물에 적신 천을 끼우고 이를 여러 층으로 높게 쌓았습니다. 그러면 소금물에 적신 천이 전해질 역할을 하고 아연과 구리 단전지가 직렬로 여러 개 연결된 형태가 되어 높은 전압을 얻을 수 있습니다. 이렇게 탄생한 것이 볼타전지입니다.

그러면 왜 서로 다른 금속을 전해질에 넣으면 전류가 흐를까요? 금속의 표면에 있는 전자의 에너지가 각각 다르기 때문입니다. 금속은 표면에 자유전자를 가지고 있습니다. 이 자유전자가 이동을 자유롭게 함으로써 전기 전도성을 띠죠. 금속 내부에서는 자유전자가 도망가지 못하게 잡아당기고 있습니다. 마치 지구가 인간을 잡아당기고 있어서 인간이 우주로 날아가지 않는 것처럼 말이죠. 그런데 금속마다 자유전자를 잡아당기는 힘이 다릅니다. 이를 수치화하고자 일함수work function라는 개념을 사용합니다. 일함수의 정의는 진공상태에서 금속의 표면에서 전자를 하나 떼어내어 제거하는 데 필요한 에너지(열역학적 에너지)의 양입니다. 일함수가 크다는 것은 금속에서 전자를 떼어내기가 어렵다는 의미이고, 일함수가 적다는 것은 금속에서 전자를 떼어내기 쉽다는 의미입니다. 볼타전지를 예로 들면 구리의 일함수가 아연의 일함수보다 크기 때문에 아연에서 전자가 나와서 구리로 전자가 들어가게 됩니다. 따라서 아연전극에서는 아연이 전자를 내어주고 이온화 되는 반응이 일어나 아연이 계속해서 이온 형태로 전해질로 녹아들어가고, 구리전극에서는 전자를 받아서 전해 질 내에 있는 수소이온을 환원시키면서 수소기체가 발생합니다. 이 렇게 생겨난 기체는 구리전극 표면에 방울방울 맺혀 전자의 이동을 방해합니다. 그래서 실제로 볼타 전지는 얼마 가지 않아 전자의 이동 이 멈춥니다.

사실 전도체의 일함수로는 정확하게 금속이 전자를 내어놓을지(산 화될지) 아닐지 확신할 수 없습니다. 일함수는 진공상태를 기준으로 하는데 실제로는 진공상태가 아니기 때문에 금속이 전해질 내에서 어떻게 반응하는지 정확히 설명할 수 없는 것이죠. 어떠한 반응이 전 해질 내에서 어떠한 전위로 반응할지를 나타내는 것은 표준 환원전 위입니다. 전위란 전기의 위치에너지를 말합니다. 만약 사람이 빌딩 의 1층에 있다가 엘리베이터를 타고 10층으로 올라갔다면 그 높이만 큼의 위치에너지가 생깁니다. 에너지가 높은 상태가 된 것이죠. 물을 이용하여 전기를 생산하는 수력 발전은 이 위치에너지를 이용합니 다. 높은 곳에 있는 물이 터빈을 돌려서 전기를 생산하는 것이지요.

전기도 위치에너지가 있습니다. 높은 곳에 있는 전자는 아래쪽으 로 내려오려 하는데, 이 힘이 전기의 위치에너지입니다. 물은 얼마나 높이 있는지 눈으로 보면 알 수 있습니다. 하지만 전기는 얼마나 높이 있는지 눈으로 보이지 않죠. 그래서 눈으로 보이지 않는 전기의 위치 에너지를 측정하고자 기준을 만든 것이 표준 환원전위이고 이 기준에 따라 전기의 위치에너지가 얼마만큼 높게 혹은 낮게 위치하는지를 측정하는 것이 표준 수소전극입니다.

표준 수소전극은 수소이온과 수소기체의 산화환원반응을 기준으로 삼고자 수소기체를 1기압으로 가하면서 백금전극이 수소이온의 농도가 1몰농도(용액 1리터에 녹아있는 용질의 몰수로 나타내는 농도)인 수용액에 접촉하도록 만든 전극입니다. 말이 좀 복잡한데, 기준을 잡으려고 기체의 압력과 수소이온의 농도를 규정해놓은 것이라고 생각하면 됩니다. 전기화학의 기준이 되는 반응은 수소이온과 수소기체의 산화환원반응이며 이 산화환원반응을 일으키는 표준 수소전극을 기준으로 잡는다는 것만 기억하면 됩니다. 그래서 전기화학 관련 책의 부록에는 대부분 수많은 전기화학 반응의 표준 환원전위가 명시되어 있습니다.

그렇다면 전기화학의 기본이 되는 산화환원반응은 무엇일까요? 금속은 금이나 백금 같은 몇몇 귀금속을 제외하면 공기 중의 산소와 만나서 산화물 형태로 존재하려고 합니다. 산화물 형태가 더 안정적이기 때문이죠. 물이 높은 곳에 있으면 불안정하여 자꾸 더 낮은 곳으로 흘러내려가려는 성질과 비슷합니다. 철은 공기 중에서 철(Fe) 상태로 존재하기보다는 산화철(Fe^2O^3)로 존재하는 것이 안정적입니다. 이 반응을 산화반응이라고 하며 산화반응 때문에 철이 산화철이 된 것을 두고 보통 '녹이 슬었다'고 표현합니다. 환원반응은 산화철이 다시 철로 환원하는 반응입니다. 환원이란 원래의 상태로 되돌아갔다는 뜻입니다.

철의 산화반응은 자발적 반응입니다. 철을 공기 중에 두면 저절로 일어나기 때문에 자발적 반응이라고 합니다. 자발적 반응은 안정적인 상태로 바뀌는 것이기 때문에 앞에서 말했듯 에너지를 내어놓습니다. 철이 산소와 만나 산화반응을 일으킬 때는 에너지를 열의 형태로 내어놓는데, 이를 이용한 것이 겨울철에 많이 사용하는 핫팩입니다. 핫팩 안에는 나노입자(아주 작은 크기의 입자) 크기의 철이 담겨있는데, 봉지를 열면 이 철이 공기 중의 산소와 만나서 열을 냅니다. 그래서 따뜻해지는 것이죠. 나노입자 크기로 만들면 산소와 반응할 수 있는 표면적이 넓어져 반응이 빨리 일어납니다.

그런데 전해질에 넣으면 반응이 더 빨리 일어납니다. 특히 에너지 상태가 다른 금속을 같이 넣어두면 더더욱 빨리 일어나죠. 이 원리를 이용한 것이 전지입니다. 그러나 전해질 내에 서로 다른 금속을 넣으면 산소와 반응하는 것이 아니라 전자가 직접 이동하거나 전해질 내에 있는 이온과 반응을 하기도 합니다. 어느 반응이 산화반응이고 어느 반응이 환원반응인지 애매해 지는 것이죠. 하지만 쉽게 구분할 수 있습니다. 산소가 전자를 매우 좋아한다는 사실만 알면 됩니다. 산소는 전자를 빼앗아오는 것을 매우 좋아하는 물질입니다. 산소가 다른 물질과 결합하면 다른 물질 대부분은 산소에게 전자를 뺏깁니다. 그래서 산소와 결합하면 거의 전자를 잃습니다. 산화반응이죠. 반대로 전자를 얻으면 환원반응이죠. 따라서 전해질 내에서는 직접적으로 산소와 반응하지 않더라도 전자를 잃으면 산화반응, 전자를 얻으면 환원반응이라고 합니다. 그러면 어떤 금속이 어떠한 상태에서 전자를 잃거나 얻는지 확인을 해야겠죠? 이때 필요한 개념이 표준 환원준위와 표준 수소전극입니다. 볼타전지의 경우 산화환원반응에 의해 0.762볼트만큼의 기전력이 발생합니다.

수소전극은 예전에는 아주 유용하게 사용되었지만 전기를 다루면서 발화성이 있는 수소기체를 사용하면 위험해 지금은 잘 사용하지 않습니다. 수은을 사용하는 칼로멜전극도 환경적인 문제 때문에 사용하지 않죠. 그래서 최근에는 은전극을 주로 사용합니다. 은전극은 은의 산화환원반응을 이용하는 전극인데, 은전극의 산화환원반응과 표준 수소전극의 산화환원반응의 전위가 다르기 때문에 은전극으로 측정하면 표준 수소전극에 맞춰 그 값을 보정해주어야 합니다.

표준 수소전극, 칼로멜전극, 은전극 등은 모두 물에 염을 녹인 전해질, 즉 수용액 전해질에서 사용할 수 있는 전해질입니다. 그런데 최근에 개발된 전기화학기기 중에는 물을 사용하지 않는 기기가 많습니다. 리튬이온전지, 염료감응 태양전지, 전기변색 소자 등은 성능과 안정성 때문에 비수용성 전해질을 사용합니다. 은전극의 경우 비수용성 전해질에서도 작동할 수 있지만 오랫동안 사용하면 전극 내의 이온 농도가 변할 수 있어 정확한 측정이 어려워집니다. 특히 리튬이온전지는 전압이 커서 공기 중에서 실험할 수도 없습니다. 리튬금속은 워낙 산화되기 쉬워 공기 중에 있으면 급격히 산소와 반응하여 불꽃을 만듭니다. 리튬양이 많을 때는 매우 위험하죠. 그래서 리튬이온전지 실험을 할 때는 대부분 리튬이온이 녹아있는 비수용성 전해질에 담긴 리튬금속을 전극 기준으로 삼습니다. 이 경우도 리튬금속과 리튬이온의 산화환원반응의 전위가 표준 수소전극과 다르기 때문에 은전극과 마찬가지로 값을 표준 수소전극에 맞춰 보정해주어야 합니다.

볼타전지의 반응식

- 극의 반응 : $Zn \rightarrow Zn^{2+} + 2e^-$ $E_{oxidation}^0 = 0.762V$

+ 극의 반응 : $2H^+ + 2e^- \rightarrow H_2$ $E_{reduction}^0 = 0V$

건전지:
힘세고 오래가는 알칼라인 망간전지

앞서 살펴본 볼타전지는 작동 시간이 짧다는 치명적인 단점을 가지고 있습니다. 구리전극에서 수소기체가 발생하기 때문입니다. 수소기체가 전극의 표면에 붙어 있으면 전극으로 흘러야 할 전자들이 기체분자(절연체)에 막혀 흐르지 못합니다. 앞에서 보았듯이 수소기체가 발생하는 이유는 전해질 내에 있는 수소이온(H^+)이 환원되기 때문입니다.

수소이온은 물속에 존재하며 물의 산성과 염기성을 결정하는 중요한 이온입니다. 순수한 물의 경우 수소이온의 농도가 수산화이온(OH^-)의 농도와 같습니다. 이 경우를 우리는 중성의 물이라고 합니다. 수소이온의 농도가 높으면 산성, 수산화이온의 농도가 높으면 염기성이 됩니다. 일상에서도 가끔 쓰이는 pH는 물이 산성인지 염기성인지를 파악하려고 만든 개념입니다. pH가 7이면 중성이고 이보다 낮으면 산성, 이보다 높으면 염기성이죠. 따라서 구리전극에서 수소가 발생하는 문제를 해결하려면 전해질 용액을 염기성으로 만들면 됩니다. 염기성 전해질을 적용하면 수소이온의 농도보다 수산화이온의 농도가 높아서 수소이온이 환원되어 수소기체가 되는 것을 막을 수 있습니다.

이 염기성 전해질을 적용한 전지가 망간전지입니다. 망간전지를 처음 만든 사람은 프랑스의 화학자 르클랑셰Leclanche입니다. 1877년에 개발되었는데 아직까지도 쓰이고 있으니, 생명력이 정말 길죠? 망간전지는 볼타전지의 단점을 극복하고자 구리를 이산화망간과 탄소봉으로 대체했습니다. 전해질도 소금물이 아닌 염화암모늄 용액으로 바꾸었습니다. 탄소는 일함수가 아연보다 높습니다. 그럼 아연에서 전자가 더 쉽게 떨어져 나오겠죠? 따라서 망간전지에서도 볼타전지와 마찬가지로 아연이 전자를 내어주는 음극 역할을 합니다. 그리고 이산화망간과 염기성 전해질이 분극현상을 일으키는 수소기체가 발생하지 않도록 막는 역할을 수행합니다.

망간전지의 원통이 아연으로 되어 있기 때문에 아연은 충분히 많습니다. 따라서 이산화망간(MnO_2)이 전부 반응하여 삼산화이망간(Mn_2O_3)이 되면 전지는 수명을 다합니다. 망간전지의 산화환원반응에 의한 기전력은 1.43볼트입니다. 여기서 1.43볼트는 표준 산화환원반응에 의해서 정확히 계산한 기전력이고, 사실 망간전지의 초기 전압은 1.5볼트보다 조금 높다가 전지를 사용하면서 조금씩 내려갑니다. 그래서 망간전지에 얼마나 전력이 남아있는지 알기 위해 전압을 측정하는 것이죠.

우리가 흔히 건전지라고 부르는 것이 바로 이 망간전지입니다. 원래 건전지는 한자로 마를 건乾 자를 써서 '전해액이 마른 전지'라는 뜻이지만 정확히 말하면 전해액이 마른 것은 아니고, 흐르지 않을 정도로 종이나 헝겊에 적신 전해질을 넣어서 이런 이름이 붙었습니다. 전지를 만들 때는 전해액이 흘러나오지 않도록 밀봉을 해야 하는데, 액체를 그대로 사용하면 밀봉이 어렵기 때문에 이러한 방식으로 제조합니다. 휴대전화에 들어가는 리튬이온전지도 초기에는 전해질을 액체 형태로 주입하다가 고분자를 섞어서 젤 형태로 만들어 안정성을 높였습니다. 고분자 젤형 전해질을 적용한 리튬이온전지는 리튬폴리머전지라고 부릅니다.

일반 건전지보다 좀 더 비싼 알칼라인 건전지라는 건전지가 있습니다. 알칼라인 전지라고도 부르는데, 일반 건전지보다 용량이 커서 좀 더 오래 사용할 수 있는 건전지입니다. 알칼라인 건전지는 일반 망간전지의 전해질인 염화암모늄 용액이 아닌 수산화칼륨(KOH) 용액을 사용합니다. 이처럼 전지에서 전해질은 매우 중요한 구성요소입니다. 대부분의 전지를 구성하는 3요소는 양극, 음극, 전해질입니다. 그렇다면 전해질은 전지 내에서 어떤 역할을 할까요? 가장 큰 역할은 두 전극의 전위차를 유지한 채 전하를 이동시키는 것입니다. 양극과 음극 사이에 전해질이 있으면 전자가 바로 양극에서 음극으로 이동할 수 없습니다. 바로 이동할 수 있다면 전위차가 없어지겠죠. 양극과 음극이 맞닿아서 전자가 직접 이동하는 현상을 단락이라고 하는데, 단락이 일어난 전지는 망가집니다. 그래서 전해질이 단락이 일어나지 못하도록 막으면서 이온이 이동하여 양쪽 전극에서 발생하는 전하 불균형을 맞추는 것이죠.

볼타전지의 경우 사실 양극에서 전해질인 소금물 내에 있는 수소이온이 환원되어 수소기체가 발생했습니다. 이 때문에 오래 작동하지 못한다는 문제점이 있었던 것입니다. 전해질은 양극이나 음극에서 반응하지 않고 반응을 돕는 역할만 해야 합니다. 망간전지를 살펴보면 양극과 음극에서 일어난 반응 전후에 전해질의 변화가 없습니다. 음극으로 사용한 아연이 산화아연이 되고 양극으로 사용한 이산화망간이 삼산화이망간으로 변한 것이 전부입니다. 이렇게 반응 전후에 변화가 없어야 좋은 전해질입니다. 망간전지가 아직까지 실생활에 사용되고 있는 이유기도 합니다.

망간전지의 음극과 양극의 반응을 각각 살펴보면 양극에서는 수산화이온이 발생하고 음극에서는 수산화이온이 소모됩니다. 수산화이온이 전하를 맞춰주는 역할을 하는 것이죠. 한쪽에서 발생하고 한쪽에서 소모되니 양극에서 발생한 수산화이온은 계속해서 음극으로 이동해야 합니다. 그러니 망간전지에서는 수산화이온이 빨리, 잘 이동해야, 즉 이온전도도가 높아야 좋은 전해질입니다. 이때 염화암모늄 용액보다 수산화칼륨 용액의 수산화이온의 이온전도도가 좋습니다. 그래서 수산화칼륨 용액을 넣은 알칼라인 전지는 같은 크기에 더 많은 이산화망간을 넣어도 잘 작동합니다. 이산화망간의 양이 망간전지의 용량을 결정한다고 앞에서 설명했죠? 이것이 알칼라인 전지가 망간전지보다 용량이 큰 이유입니다. 용량이 크면 더 오래 사용할 수 있겠죠? 힘세고 오래가는 알칼라인 전지는 전해질을 바꾼 덕분에 등장할 수 있었습니다.

망간전지의 반응식

- 극의 반응 : $Zn(s) + 2OH^-(aq) \rightarrow ZnO(s) + H_2O(l) + 2e^-$

$$E_{oxidation}^0 = 1.28V$$

+ 극의 반응 : $2MnO_2(s) + H_2O(l) + 2e^- \rightarrow Mn_2O_3(s) + 2OH^-$

$$E_{oxidation}^0 = 0.15V$$

최초의 충전 가능한 전지: 납축전지

벤츠하면 지금도 고급 자동차의 대명사처럼 불립니다. 벤츠회사의 창업주인 칼 벤츠는 1885년에 세계 최초로 자동차를 제작했습니다. 벤츠가 자동차의 원조인 셈이죠. 100년 넘게 그 명성을 유지한다는 것이 대단하게 느껴집니다. 그런데 재미있는 사실은 벤츠가 제작한 최초의 자동차를 장거리 운전한 사람은 벤츠 자신이 아닌 벤츠의 아내였다고 합니다. 벤츠의 아내 베르타는 친정집에 가면서 벤츠도 모르게 벤츠가 발명한 자동차를 이용했다고 합니다. 그러고는 벤츠에게 개선해야 할 부분을 짚어줬다고 하죠. 말하자면 사용 후기를 발명자에게 제공한 셈입니다. 세계최초의 장거리 운전자가 여자라는 사실은 정말 놀랍죠?

벤츠가 개발한 여러 시스템 중에는 배터리 시동도 포함되어 있습니다. 자동차의 시동을 배터리로 거는 것이죠. 벤츠가 배터리 시동을 개발할 수 있었다는 것은 그 전에 쓸 만한 전지가 이미 개발되어 있었다는 의미이기도 합니다. 바로 납축전지인데요, 1859년에 프랑스 물리학자 가스통Gaston Plante이 개발했습니다. 납축전지는 가장 오래된 충전 가능한 전지입니다. 심지어 가장 많이 쓰이는 1차전지인 망간전지보다도 오래되었죠. 보통 전지를 구분할 때 한 번 쓰고 버리는 전지를 1차전지, 충전해서 계속 사용할 수 있는 전지를 2차전지라고 하는데, 납축전지는 2차전지의 시초입니다.

납축전지는 다른 전지에 비해 전기에너지 저장 능력이 떨어지지만 안정적으로 작동하고 오랫동안 충·방전이 가능하다는 이유로 아직까지도 엔진 자동차용 배터리로 많이 쓰이고 있습니다. 엔진 자동차는 시동을 걸 때 많은 양의 전류가 필요한데, 납축전지는 순간적으로 과전류를 낼 수 있기 때문에 가장 적합한 전지 중 하나입니다. 음극에는 납(Pb), 양극에는 이산화납(PbO_2)이 쓰이는데, 전류를 뽑아 쓰면 음극의 납은 황산납($PbSO_4$), 양극의 이산화납도 황산납이 됩니다. 앞서 전화기 2에서 염기에 기반한 전해질을 소개했는데요, 납축전지에는 산에 기반한 전해질인 황산수용액이 쓰입니다.

자동차용 배터리의 전압은 보통 12볼트로 알려져 있는데, 이는 납축전지 여섯 개를 직렬로 연결하기 때문입니다(보통 최대로 충전하면 이론 전압인 12볼트보다 높은 12.6볼트가 나타납니다). 납축전지의 반응은 매우 가역적이어서 충전을 하면 반응이 거꾸로 일어납니다. 그리고 여러 번 충전과 방전을 반복해도 처음 용량을 계속해서 유지하기 때문에 오랫동안 사용할 수 있습니다. 니켈 카드뮴 전지nickel-cadmium battery 나 니켈 수소화금속전지nickel-metal hydride battery는 완전히 사용하지 않고 다시 충전하면 충전한 만큼의 용량만을 사용할 수 있는 메모리 효과memory effect가 있지만 납축전지는 메모리 효과가 없어서 아무 때나 충전해도 원래의 용량을 쓸 수 있습니다. 이러한 특성도 쓰는 만큼 바로 충전해주는 자동차용 전지로서 적합합니다.

그러나 아무리 충·방전 성능이 좋다는 자동차용 납축전지도 5년 이나 6년 정도 사용하면 성능이 떨어집니다. 그래서 보통 6년 정도 지나면 새것으로 갈아주는데요, 성능이 떨어졌는지를 확인하는 방법은 매우 간단해서 전압만 체크해도 됩니다. 충전을 충분히 했는데도 전압이 12볼트 이하로 나오면 수명이 다한 것입니다. 납은 환경 문제를 일으키는 물질이고 인체가 납에 중독되면 여러 가지 질병이 발생할 수 있기 때문에 조심해서 다뤄야 하는 금속입니다. 따라서 산업적으로 사용된 납은 회수가 중요해 폐 납축전지도 대부분 회수하여 재생 과정을 거쳐 다시 사용됩니다.

납축전지가 열화 되어 성능이 떨어지는 원인은 크게 전해질과 전극 문제로 구분할 수 있습니다. 납축전지의 전해질로는 황산 수용액을 사용하는데, 충전할 때 과전압이 걸려 물이 분해되어 수소와 산소가 발생하거나 더운 여름날에 증기압이 발생하여 수증기 형태로 빠져 나가 전해질이 줄어들 수 있습니다. 이러한 경우에는 증류수를 보충하기만 해도 전지의 성능을 회복시킬 수 있습니다. 또 충전과 방전을 자주 반복하다 보면 일시적으로 윗부분은 저농도의 황산이, 아랫부분은 고농도의 황산이 됩니다. 이럴 경우 이온들의 확산diffusion에 의해 다시 농도가 고르게 될 수 있으니 좀 쉬었다 사용하면 자동으로 해결됩니다.

보다 심각한 열화 현상은 보통 전극에서 발생합니다. 납축전지가 바로 충전이 되지 않고 방전된 상태로 오랫동안 방치되면 음극에 형성되는 황산납Leadsulfate이 결정화되어 더 이상 반응에 참여하지 못하고 하얀 결정을 형성합니다. 납축전지가 방전되면 보통은 음극 표면에 무결정의 황산납이 작은 입자로 형성되어 충전 시에 다시 납으로 환원되는데, 이 결정이 자라서 충전을 해도 원래 상태로 되돌아가지 못하는 것이죠. 이런 백화현상은 납축전지의 성능을 저하하는 주원인으로 알려져 있습니다.

납축전지가 수명이 다하면 분해하여 납을 재처리하고 다시 사용할 수 있는데요, 보다 효율적인 방법은 수명이 다한 납축전지를 분해하지 않고 다시 살려내는 것입니다. 전기적인 펄스를 가하거나 매우 천천히 충전하면 음극 표면에 형성된 황산납 결정이 녹아 다시 사용할 수 있는 납축전지가 됩니다. 이 방법으로 모든 폐 납축전지가 재생되는 것은 아니지만 재생에 성공하면 초기 성능의 약 80퍼센트까지 회복된다고 합니다. 국내에 등록된 자동차가 2017년 기준으로 2200

만 대이고 이 중 전기차가 약 16000대밖에 되지 않음을 감안하면 한 해에 폐기되는 납축전지의 양도 어마어마하리라 예측됩니다. 만약 폐 납축전지를 간단한 방법으로 다시 살려내서 사용하면 비용도 절감되고 환경에도 좋겠죠.

망간전지의 반응식

- 극의 반응 : $Pb(s) + HSO_4^-(aq) \rightarrow PbSO_4(s) + H+(aq) + 2e^-$

$$E_{oxidation}^0 = 0.32V$$

+ 극의 반응 : $2MnO_2(s) + H_2O(l) + 2e^- \rightarrow Mn_2O_3(s) + 2OH^-$

$$E_{oxidation}^0 = 0.15V$$

리튬전지: 왜 리튬인가?

리튬전지는 전지의 역사에 한 획을 그은 발명품입니다. 저장할 수 있는 전력량이 기존의 다른 전지에 비해 월등히 높기 때문이죠. 그렇다면 리튬전지는 어떻게 이렇게 높은 전력 저장이 가능할까요? 두 가지 이유가 있습니다. 하나는 리튬의 높은 환원전위이고, 또 다른 하나는 리튬의 작은 크기입니다.

전지에 저장될 수 있는 전력량은 어떻게 결정될까요? 전력은 힘 power의 개념이고 전력량은 일work의 개념입니다. 힘은 어떠한 에너지를 쓸 수 있는 가능성입니다. 실제로 일을 한 것은 아니죠. 힘에 거리나 시간과 같은 물리량이 곱해지면 일이 됩니다. 전지에서 힘(전력)은 와트w이고, 여기에 시간h을 곱하면 전력량이 됩니다. 건전지 광고의 유명 카피 '힘세고 오래가는'은 전력량을 아주 잘 설명하고 있습니다. 힘이 세다는 것은 전력이 크다는 것이며, 오래간다는 것은 긴 시간 사용이 가능하다는 의미니까요. 그래서 휴대전화에 적용되는 리튬이온전지에는 용량이 와트시Wh로 표시되어 있습니다. 예를 들어 12와트시라면 12와트의 힘으로 한 시간 동안 사용할 수 있다는 의미입니다. 6와트의 전력으로 사용하면 두 시간을 사용할 수 있고 1와트의 전력으로 사용하면 12시간 사용이 가능하겠죠.

전지에서 전력은 전압V 곱하기 전류A입니다. 전압은 양극과 음극의 전위차에서 발생하고 전류는 흐르는 전자의 개수로 결정됩니다. 그렇다면 큰 전위차를 얻으려면 어떤 금속을 써야 할까요? 일함수 측면에서 보면 가장 작은 값을 가지는 금속을 음극으로 써야 합니다. 일함수가 작다는 의미는 금속에서 전자를 떼기 쉽다는 뜻이기 때문에 일함수가 가장 작으면 전자를 내어주고 자신은 산화되려는 성질이 큽니다.

일함수가 작은 금속은 대체로 알칼리금속(주기율표에서 맨 왼쪽 세로줄)이거나 알칼리토금속(주기율표에서 맨 왼쪽 두 번째 세로줄)입니다. 알칼리금속은 전자 하나를 내어주고 1+ 이온이 되려고 하는 원자이고 알칼리토금속은 전자 두 개를 내어주고 2+ 이온이 되려는 원자입니다. 알칼리토금속은 전자를 두 개 내어주므로 이론적으로는 알칼리금속에 비해 용량이 두 배가 될 수 있지만 첫 번째 전자가 나올 때와 두 번째 전자가 나올 때 전위가 다를 수 있어 일정한 전압의 전지를 만들기 어렵고, 적절한 양극 물질 및 전해질의 조합도 어렵습니다. 실제로 칼슘이나 마그네슘전지(여기서 마그네슘전지와 마그네슘공기전지는 다른 형태의 전지입니다. 리튬전지와 리튬공기전지도 다른 것입니다. 이후 전화기 12에서 무엇이 다른지 설명할 것입니다) 등을 연구하고 있지만 상용화에 성공한 것은 거의 없습니다.

　그렇다면 알칼리금속 중에는 어떤 것이 좋을까요? 앞에서도 설명했지만 전극으로 사용되었을 때의 전위는 일함수보다는 표준 환원전위가 정확히 설명해줍니다. 이때 표준 환원전위가 큰 음의 값을 가지면 좋습니다. 전자는 마이너스에서 플러스로 이동하므로 큰 음의 값이 곧 높은 전위입니다. 물이 높은 곳에서 떨어질수록 에너지가 크듯이 전자도 높은 전위에서 흘러야 에너지가 큽니다. 표준 환원전위가 가장 큰 음의 값을 가지는 알칼리금속은 리튬과 세슘으로 둘 다 −3.02볼트입니다. 이 중 전지에 절대적으로 적합한 것은 리튬입니다. 리튬이 세슘에 비해 훨씬 가볍고 작기 때문이죠. 리튬은 원자반경이 1.52 옹스트롬이지만 세슘은 3.65옹스트롬입니다. 옹스크롬(10^{-10}미터)은 원자의 크기를 나타낼 때 주로 쓰는 단위로 나노(10^{-9})보다도 작은 단위입니다. 즉 리튬과 세슘은 크기가 두 배 넘게 차이 나는 것이죠. 무게를 의미하는 원자량은 리튬이 6.94, 세슘이 132.91로 무려 19배가 넘게 차이 납니다. 같은 부피나 무게에서 많은 양의 전자를 흐르게 하려면 당연히 세슘보다는 리튬이 좋겠죠? 전해질 측면에서 보면 더욱 분명해집니다. 어떤 금속을 음극으로 사용하면 그에 맞는 전해질이 필요한데, 리튬을 예로 들면 리튬이온(Li^+)이 녹아 있는 전해질이 가장 적합합니다. 그런데 앞에서 말했듯이 좋은 전해질이 되려면 이온의 전도도가 좋아야 합니다. 이온이 잘 움직여야 한다는 의미죠. 용액 내에서는 리튬이온과 같은 작은 이온이 잘 움직입니다. 세슘이온(Cs^+)과 같이 큰 이온은 잘 움직이기 힘들죠. 이러한 이유로 리튬은 전지의 음극으로 가장 적합하다고 평가받고 있습니다.

리튬금속을 음극으로 사용한 리튬전지는 다양한 양극 물질을 적용한 형태로 개발되었지만 망간산화물(MnO_2)을 적용한 것이 대표적입니다. 망간전지에 사용하는 망간산화물이 리튬전지에도 적용된 것입니다. 망간은 다양한 산화상태가 가능한 전이금속이기 때문에 전지의 양극 물질로 매우 적합하죠. 리튬금속과 망간산화물을 적용한 리튬전지는 흔히 휴대전화에 들어가는 리튬이온전지와 달리 한 번 사용하고 버리는 전지로, 주로 리모컨이나 카메라 등에 사용되고 있습니다.

그렇다면 리튬금속을 음극 물질, 망간산화물을 양극 물질로 사용한 리튬전지는 왜 충전을 해서 사용할 수 없을까요? 리튬금속과 망간산화물 모두 충·방전이 가능한 2차전지에 적합하지 않은 물질이기 때문입니다. 리튬금속을 음극으로 사용하면서 충전하면 방전할 경우 리튬금속이 이온화되어 전해질에 녹아 나왔다가 충전을 하면 리튬금속 표면에 다시 금속 형태로 환원되어야 합니다. 그런데 리튬금속은 환원되어 리튬금속 전극 표면에 붙을 때 고르게 붙는 것이 아니라 나뭇가지처럼(혹은 고드름처럼) 튀어나온 곳에 계속해서 붙습니다. 이렇게 리튬금속이 자라면 양극과 만나 단락이 일어나 전지가 망가지고 맙니다. 리튬의 반응성을 고려해볼 때 단락 때문에 폭발할 가능성도 있습니다. 앞서도 설명했듯이 리튬은 공기 중에서 산소 및 수분과 반응하여 발화할 수 있는 금속입니다. 위험하죠.

양극으로 사용하는 망간산화물의 경우 α, β, γ의 결정 구조를 가지는데, 이 세 구조 모두 3차원 구조입니다. 망간이 가운데 있고 산소 여섯 개가 네 귀퉁이와 위아래 여섯 군데에서 결합을 한 기본 구조(정팔면체, Octahedron)가 산소를 공유하며 3차원으로 연결된 구조이죠. 망간산화물의 3차원 구조 안에는 빈 공간 때문에 터널이 형성됩니다. 이 터널에 리튬이온이 들어가면 망간이 환원되면서(전자를 받으면서) 리튬전지의 양극 물질로 사용할 수 있게 됩니다. 그런데 3차원 구조의 망간산화물에 리튬이온이 들어가면 부피가 변합니다. 보통 어떤 물질에 다른 물질이 섞이면 부피가 늘기 마련이지만 망간산화물에 리튬이온이 들어가면 반대로 부피가 줄어듭니다. 빈 공간에 들어간 리튬 양이온(+)과 망간산화물에 있는 산소 음이온(-)이 서로 잡아당기기 때문입니다. 충전을 하면 망간산화물에 들어간 리튬 양이온이 다시 빠져나와 원래 상태로 돌아갑니다. 이렇게 리튬이 들어갔다 나왔다 하면 부피도 계속해서 늘어났다 줄어들었다 합니다. 그런데 3차원 구조의 망간산화물은 부피 변화를 잘 견디는 구조가 아닙니다. 종이나 김처럼 2차원 구조의 물질(면을 이루는 물질)이 부피 변화에 잘 견디는 물질이죠. 김을 차곡차곡 쌓아놓고 위에서 누르면 쑥 들어갑니다. 손을 떼면 다시 원상태로 돌아오죠. 그런데 3차원 구조의 물질은 구조가 단단한 편이어서 부피 변화가 일어나면 그 변화를 견디지 못하고 결합이 깨지는 성질을 가지고 있습니다. 그래서 망간산화물은 리튬 2차전지의 양극 물질로 적합하지 않습니다. 다음 장에서 어떤 물질들이 리튬 2차전지용 음극 및 양극 물질로 적합한지 알아보겠습니다.

휴대전화를 휴대전화답게: 리튬이온전지

　　　　　　　　　　　요즘 4차 산업혁명이 사회적 쟁점
issue입니다. 4차 산업혁명의 정의는 학자마다 조금씩 다른데, 어떤 책
에서는 인공지능 및 딥러닝(데이터를 축적하여 그것을 바탕으로 어떤 판단을
내리고 이러한 과정을 통해 점차 성장하는 컴퓨터) 기능을 가진 산업으로 정
의 내리기도 하고, 사물인터넷IoT: Internet of Things으로 정의 내리는 책
도 있습니다. 몇 년 전 이세돌 9단과 알파고의 대국 덕분에 많은 사람
들이 인공지능과 4차 산업혁명에 관심을 가지게 되었죠. 알파고는 딥
러닝 기능을 가진 컴퓨터로 알려져 있습니다. 대국을 하면 할수록 실
력이 향상되도록 설계되어 있는 것입니다. 이러한 기술의 발전은 기
술이 인간의 육체적 노동뿐만 아니라 지적 노동까지 대체할 수 있음

을 증명하기에 앞으로도 지속적인 발달이 기대되지만, 아직까지는 먼 미래의 얘기처럼 들립니다.

그런데 이러한 발전이 피부로 느껴지게 만드는 제품이 있습니다. 바로 스마트폰이죠. 아시다시피 스마트폰은 휴대전화와 인터넷을 결합한 제품입니다. 2000년대 중반에 상용화되기 시작해 채 10년도 되지 않아 많은 사람들의 생활패턴을 혁신적으로 변화시켰죠. 우리는 휴대전화로 사진이나 동영상을 공유하고, 개인의 생각을 인터넷에 올립니다. 휴대전화로 물건을 사고, 택시를 부르며, 호텔을 예약합니다. 또 휴대전화로 길안내를 받고, 가고자 하는 곳의 영업시간을 파악하며, 돌아올 때 얼마나 시간이 걸릴 것인지 미리 알 수 있습니다. 휴대전화로 TV를 조정하고, 장난감 자동차나 드론을 운전하기도 합니다. 길거리에서 모르는 노래가 들리면 휴대전화가 제목과 가수를 검색해서 알려줍니다. 심심할 땐 대화 상대도 되어줍니다. 정말 혁명이라고 할 만합니다.

4차 산업혁명이 힘을 받아 가속도가 붙으면 이외에도 훨씬 더 많은 일들이 가능하겠죠. 스마트 홈, 스마트 빌딩, 스마트 시티 등 인류를 편하게 할 많은 기술이 개발될 것입니다. 스마트 빌딩의 좋은 예로 아직까지는 좀 생소하지만 블루투스를 이용하여 스마트폰 소지자를 인식하는 비콘Beacon이 있습니다. 만약 내 사무실이 있는 건물에 비콘이 설치되어 있으면 비콘이 건물 입구에서 스마트폰을 소지한 나를 인식한 후 내가 건물 입구에서 사무실로 걸어가는 동안 사무실 조명과 컴퓨터를 켜주고 커피 머신을 예열시키는 등 나의 편리에 맞춰 움직입니다. 원하는 대로 자동화 시스템을 구축할 수 있는 것이죠. 지금처럼 보안 장치가 되어 있는 입구에서 일일이 신분증을 찍어야 하는 불편함도 사라질 것입니다.

이러한 산업을 가능하게 하는 기술은 여러 가지가 있는데, 그중 하나로 리튬이온전지를 꼽을 수 있습니다. 휴대하면서 사용할 수 있는 기기의 전원을 공급하는 전지는 꽤 여러 종류가 개발되었습니다만 스마트폰처럼 사용량이 많은 기기용으로 충분한 용량을 가지면서 동시에 2년 이상 오랜 기간 동안 충·방전해서 사용할 수 있는 전지는 많지 않습니다. 지금 제조되고 있는 스마트폰의 전원에는 95퍼센트 이상 리튬이온전지가 사용되고 있습니다.

리튬이온전지의 개발에는 많은 연구자의 공헌이 있었습니다. 그중 주요한 인물로 스탠리 휘팅엄Stanley Whittingham, 존 굿이너프John Goodenough, 그리고 일본 소니 사의 연구개발자들을 꼽을 수 있습니다. 많은 사람들이 굿이너프가 리튬이온전지의 첫 발명자라고 알고 있는데, 그 이전에 관련 연구 및 개발을 진행한 인물이 있습니다. 1970년대, 휘팅엄은 엑슨모빌Exxon Mobil Corporation의 전지기술개발연구소에서 처음으로 충·방전이 가능한 리튬이온전지를 개발합니다. 휘팅엄이 개발한 리튬이온전지는 음극 물질로 리튬알루미늄합금, 양극 물질로 이황화티타늄(TiS_2)을 사용하여 2.5볼트를 구현했고 충·방전이 가능하기는 했지만 상용화에 치명적인 단점을 가지고 있었습니다. 첫째는 이황화티타늄이 매우 비싸서 상용화에 적합한 물질이 아니었고, 둘째는 이황화티타늄에 있는 황이 공기 중의 수분과 만나면 황화수소가 생기는데, 이 황화수소가 냄새가 고약하고 환경에도 문제가 되는 물질이라는 것이었습니다. 이러한 이유로 휘팅엄이 개발한 리튬이온전지는 상용화에 성공하지 못했습니다.

실질적인 리튬이온전지의 창시자로 알려진 굿이너프는 옥스퍼드 대학교에서 교수로 재직하던 중 리튬코발트산화물($LiCoO_2$)을 적용한 리튬이온전지를 개발합니다. 이 덕분에 4볼트의 전압을 가지면서 가볍고, 많은 용량을 저장할 수 있는 배터리의 상용화 가능성이 확인되었습니다. 이후 소니에서 다공성 흑연 마이크로 비드인MCMB: Meso Carbon Micro Beads를 음극 물질로 사용하면서 리튬이온전지 상용화에 성공합니다. 리튬코발트산화물과 MCMB는 모두 판상 구조라고도 하는 2차원 구조 물질입니다. 소니에서 음극 물질로 사용한 MCMB는 흑연의 일종으로 탄소가 벌집 모양을 형성하고 이 벌집 모양 판이 겹겹이 쌓인 형태입니다. 판과 판 사이에 리튬이온이 들어가면 마치 금속과 같은 상태가 되죠. 리튬코발트산화물 역시 2차원 구조 물질인데, 코발트가 중심에 있고 산소가 네 귀퉁이와 위아래에서 결합을 한 기본형인 정팔면체가 2차원으로 쭉 연결되어 있는 구조로 이 판과 판 사이에 리튬이온이 들어갔다 나왔다 합니다. 소니는 리튬이 흑연에 들어갔다가 코발트산화물에 들어갔다 하는 것을 흔들의자Rocking Chair에 비유하기도 했습니다. 리튬니켈산화물($LiNiO_2$) 역시 2차원 판상 구조로 리튬이온전지의 양극 물질로 사용할 수 있지만 충·방전을 반복하면 용량이 빠르게 줄어들어 상용화에 성공하지는 못했죠.

리튬이온전지는 대부분의 전지와 마찬가지로 양극, 음극, 전해질로 구성됩니다. 앞에서 말했듯이 전지가 작동할 수 있는 직접적인 힘(에너지)은 양극과 음극의 전위차(전기적인 위치에너지 차이)에서 오고, 전해질은 음극과 양극의 전위차를 유지하면서 전하를 이동시키는 역할을 합니다. 리튬이온전지는 음극 물질로 그래파이트(C_6)를, 양극 물질로 리튬코발트산화물을 사용합니다. 그런데 MCMB(그래파이트)를 쓰면 리튬금속을 그대로 사용하는 전지에 비해 전도도가 떨어집니다. 양극 물질로 쓰이는 리튬코발트산화물은 전도도가 MCMB보다 더 떨어집니다. 음극 물질과 양극 물질의 전도도가 떨어지면 전기의 흐름이 좋지 않아 빠른 충·방전이 어렵기 때문에 전류가 잘 이동할 수 있도록 집전체集電體, Current Collector를 사용합니다.

집전체의 금속을 정할 때는 두 가지 요인을 고려합니다. 하나는 전기전도성이고, 다른 하나는 전기화학적 안정성입니다. 집전체니까 전기가 잘 흐르는 금속을 사용하는 편이 좋고, 전기화학적으로 반응에 참여하지 않아야 오랫동안 사용할 수 있습니다. 구리는 전도성이 매우 좋고, 리튬금속의 상대전극으로 쓰일 경우 2.7볼트까지 산화되지 않고 안정적으로 유지됩니다. 보통 음극은 리튬금속 대비 0.3~2.5볼트로 충·방전이 진행되기 때문에 2.7볼트에서 산화되는 구리는 음극의 집전체로 사용할 수 있습니다. 그래서 음극용 집전체로는 구리호일을 사용합니다. 하지만 구리를 양극의 집전체로 사용할 수는 없습니다. 양극은 리튬금속 대비 3~4.5볼트로 충·방전이 되기 때문에 2.7볼트에서 산화되는 구리는 사용할 수 없습니다. 그래서 양극용 집전체로는 전도도는 구리에 비해 떨어지지만 리튬금속 대비 4.72볼트에서 산화되는 알루미늄 호일을 사용합니다.

리튬이온전지의 제조공정을 간단하게 설명하면 이렇습니다. 음극은 MCMB와 바인더를 구리호일에 코팅하고 건조, 프레스(재료에 힘을 가해서 소성변형시켜 굽힘·전단·단면 수축 등의 가공을 하는 기계)한 후 리튬이온이 통과할 수 있는 다공성 고분자 분리막으로 쌉니다. 양극은 리튬코발트산화물, 전도성카본, 바인더를 알루미늄호일에 코팅한 후 역시 건조 및 프레스한 후 분리막으로 쌉니다. 이 두 전극을 돌돌 말아 원통형 케이스에 넣고 전해질을 주입한 후 개스킷(가스·기름 등이 새어나오지 않도록 파이프나 엔진 등의 사이에 끼우는 마개) 형태의 마개로 막으면 완성입니다.

리튬이온전지는 4볼트의 이상의 전압을 가해야 충전이 됩니다. 4볼트라는 전압은 전지 중에서는 상당히 높은 편입니다. 우리가 휴대전화를 사용하면 그래파이트 판상 구조의 사이에 금속 형태로 존재하던 리튬이 리튬이온(Li^+)이 되면서 전자를 하나 내어주는데, 이 전자가 회로를 돌아 (휴대전화가 작동되도록) 일을 합니다. 생성된 리튬이온은 전해질을 통과하여 양극의 코발트산화물과 만난 후 회로를 돌아서 온 전자와 합쳐져 리튬코발트산화물이 됩니다. 전해질은 리튬이온만 이동시키고 전자는 이동시키지 않기 때문에 전위를 유지할 수 있습니다.

그렇다면 리튬이온전지의 전해질은 어떤 것을 쓸까요? 볼타전지는 소금물을 전해질로 사용했죠? 하지만 리튬이온전지에는 물을 사용하면 안 됩니다. 두 가지 이유가 있는데, 하나는 리튬금속이 물과 반응하기 때문이고, 다른 하나는 리튬이온전지의 전압(3.7볼트)이 물이 분해되는 전압(실험적으로는 약 1.67볼트, 이론적으로는 1.23볼트)보다 크기 때문입니다. 리튬이온전지에 물을 사용하면 물이 분해되어 수소와 산소가 생성되겠죠? 그래서 리튬이온전지에는 전기적으로 훨씬 안정적인 용매를 사용합니다.

그럼에도 과충전되거나 단락이 일어나면 폭발할 가능성이 있습니다. 그래서 가끔 리튬이온전지 폭발 사고가 뉴스에 나오는 것입니다. 일례로 삼성의 휴대전화 노트 7은 내장된 리튬이온전지가 폭발한다는 이유로 전량 회수되기도 했습니다. 리튬이온전지를 처음 상용화한 일본의 소니도 비슷한 경험을 했습니다. 90년대 중반까지만 해도 휴대전화가 많이 보급되지 않아 노트북 시장이 더 컸는데, 소니 노트북에 들어간 리튬이온전지가 폭발하여 문제가 된 적이 있습니다. 리튬이온전지의 안정성 향상이 시급한 상황이었습니다.

안정성을 향상시키려면 전해질의 성능을 높이는 것이 중요합니다. 전해질에 폭발 방지 첨가제를 넣으면 과전압 상태일 때 첨가제들이 반응하여 폭발을 막을 수 있습니다. 폭발 위험성을 줄이고자 고체 전해질이나 전해질에 고분자를 섞어서 만든 젤형 전해질을 사용하기도 합니다. 고분자 젤형 전해질을 적용한 리튬이온전지는 리튬폴리머전지라 부릅니다. 젤형 전해질을 적용하면 고분자가 지지체 역할을 하는 덕분에 액체만 사용할 때보다 전해액을 줄일 수 있어 보다 안정적입니다. 또한 액체 전해질을 사용하는 리튬이온전지는 원통형으로 제조하는 것이 유리하지만 리튬폴리머 전해질은 젤형 전해질이 양극과 음극에 잘 붙어 있어서 네모난 형태로도 쉽게 제조할 수 있습니다. 따라서 최근 휴대전화에 사용되는 리튬이온전지는 대부분 리튬폴리머전지입니다.

충전 중인 리튬이온전지의 반응식

- 극의 반응 : $C_6 + Li^+ + e^- \rightarrow LiC_6$

$$E_{oxidation}^{0} = \sim -3V$$

+ 극의 반응 : $LiCoO_2 \rightarrow Li^+ + CoO_2 + e^-$

$$E_{oxidation}^{0} = -1V$$

전체 반응 : $C_6 + LiCoO_2 \rightarrow LiC_6 + CoO_2$

$$E^0 = \sim -4V$$

방전 중인 리튬이온전지의 반응식

- 극의 반응 : $LiC_6 \rightarrow C_6 + Li^+ + e^-$

$$E_{oxidation}^{0} = \sim -3V$$

+ 극의 반응 : $Li^+ + CoO_2 + e^- \rightarrow LiCoO_2$

$$E_{oxidation}^{0} = -1V$$

전체 반응 : $LiC_6 + CoO_2 \rightarrow C_6 + LiCoO_2$

$$E^0 = \sim -4V$$

전기자동차용 리튬이온전지

애플의 스마트폰 신화 이후 전기
자동차 회사 테슬라가 혁신의 아이콘이 되었습니다. 전기자동차는
매연을 배출하지 않는다는 장점이 있습니다. 온실가스인 이산화탄소
도 배출하지 않죠. 이런 장점 때문에 최근 정부에서는 보조금을 주면
서 전기차 구입을 장려하고 있는데요, 그럼에도 불구하고 국내 판매
량은 많지 않습니다. 충전이 불편하고 가격이 비싸기 때문이지요.

전기자동차가 비싼 이유는 리튬이온전지 때문입니다. 하지만 현재
는 상대적으로 엔진자동차에 비해 비싸지만 리튬이온전지 가격이 낮
아지면 전기자동차의 가격도 낮아질 수 있습니다. 전기자동차가 더
많이 팔리면 리튬이온전지가 더 많이 생산되니 규모의 경제에 의해

가격이 더 낮아지고, 이 선순환 구조로 산업이 성장할 확률이 매우 높습니다.

테슬라 전에도 전기자동차가 있었습니다. 실제로 1900년대 초반에는 뉴욕에 전기자동차가 엔진자동차보다 많았다고 합니다. 이는 에디슨 배터리와도 연관이 있습니다. 에디슨은 참 많은 것을 발명했죠? 그중 2차전지도 있습니다. 최초의 2차전지인 납축전지가 개발된 이후 스웨덴의 발명가 융너Jungner가 충·방전이 가능한 니켈-카드뮴(Ni-Ca)배터리를 개발합니다. 이 전지는 니카드전지라고 해서 많이는 아니지만 현재까지도 쓰이고 있는 전지입니다. 융너는 카드뮴을 철로 대체한 니켈-철(Ni-Fe)전지도 개발했습니다. 에디슨도 비슷한 시기에 비슷한 연구를 통해 니켈-철전지를 개발하고 이를 전기차를 생산하는 디트로이트 전기와 베커 전기에 전원으로 납품했습니다. 그는 발명가로 유명하지만 사업가적인 수완도 뛰어난 사람이었죠.

강릉에 있는 참소리박물관 옆 에디슨과학박물관에도 이때 만들어진 전기차가 한 대 전시되어 있습니다. 하지만 엔진자동차에 밀려 몇 년 후 전기차는 생산이 중단됩니다. 이후 GM에서 1996년 EV1이라는 전기차를 개발하여 캘리포니아에서 판매했으나 뚜렷한 이유 없이 돌연 생산을 중단하여 석유관련 회사의 압력 때문에 전기차의 개발이 늦어졌다는 다큐멘터리 영화 <전기자동차를 누가 죽였나Who killed the electric car?>가 나오기도 했습니다. 실질적으로 전기차 시장은 테슬라에서 모델 SModel S(세단)와 SUV 모델 XModel X(SUV)를 판매하기 시작하면서 활성화되었습니다. 지금은 현대, 기아, BMW, 쉐보레, 닛산 등에서 출시한 전기 자동차를 거리에서 쉽게 찾아볼 수 있습니다.

소비자의 입장에서 전기자동차는 엔진자동차와 비교해 어떠한 장점을 가지고 있을까요? 배출가스가 없다는 것은 운전자의 입장에서 보면 큰 장점이 아닐 수 있습니다. 내 차가 배출가스를 뿜지 않아도 다른 차들이 배출가스를 뿜으면 전기자동차 운전자 입장에서는 마찬가지일 수 있으니까요. 소음이 적다는 장점도 있지만 최근에는 엔진자동차의 소음도 매우 적어서 이 또한 큰 장점이 아닐 수 있습니다. 심지어 어떤 사람들은 큰 엔진 소리를 좋아하기도 합니다. 보통 운전자가 느낄 수 있는 전기자동차의 장점은 에너지 효율이 좋고, 순간 가속력이 크다는 것입니다.

전기모터를 이용해서 출력을 내는 전기자동차는 엔진자동차에 비해 토크(엔진을 돌리는 힘)가 월등히 높습니다. 토크가 높으면 순간 가속 성능이 좋죠. 테슬라는 이점을 십분 활용하여 최초의 상용화 모델을 스포츠카인 로드스터로 정합니다. 그리고 기존의 자동차 회사와 다른 입장이기에 설계부터 시작해서 새로운 차를 만들기보다는 다른 회사에서 개발한 모델을 이용하는 전략을 택합니다. 그래서 영국의 로드스터 제조회사인 로터스의 엘리제라는 모델을 기반으로 전기자동차 전용 배터리가 아닌 노트북용 리튬이온전지를 엮어서 제로백 3.7초, 최대 출력 288마력, 최대 토크 370뉴턴미터Nm의 스포츠카 타입의 전기자동차를 만들어 판매하는 데 성공합니다. 실제로 테슬라

테슬라의 최초 상용화 모델 로드스터

의 로드스터는 출시 초기에 뒤에서 밀어주는 힘이 굉장하여 타는 재미가 있다는 입소문이 나면서 판매가 증가했다고 합니다. 유튜브에 올라와 있는 테슬라 로드스터와 포르쉐의 경주 결과 영상이 많은 영향을 미치기도 했답니다. 충전기가 많이 보급되지 않은 상황과 엔진자동차 대비 충전하는 데 걸리는 시간이 길고 주행거리가 짧다는 단점보다는 가속 성능이 좋다는 장점에 집중한 결과라 하겠습니다.

리튬이온전지를 사용한 전기자동차의 또 다른 장점은 에너지 효율이 높다는 것입니다. 엔진자동차의 에너지 효율은 엔진과 차종에 따라 차이가 크지만 휘발유 엔진의 경우 약 20~30퍼센트 범위 내에 있습니다. 최근에는 마찰에 의한 에너지 손실을 배터리에 충전하여 효율을 높이는 하이브리드 자동차가 나왔지만 엔진의 구조적인 효율 향상은 쉽지 않습니다.

문제는 엔진의 효율을 저하시키는 손실이 대부분 열손실이라는 점

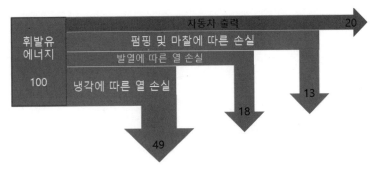

휘발유 엔진자동차의 효율 및 에너지 손실

입니다. 최근 지구 온난화 및 도시에서의 열섬효과에 많은 사람들이 우려를 나타내고 있는 상황에서 지속적으로 열을 방출하며 돌아다니는 엔진 자동차는 당장은 우리에게 생활의 편의를 가져다주지만 미래에는 골칫거리가 될 수도 있습니다.

그렇다면 전기자동차는 어떨까요? 엔진자동차의 경우 엔진이 열을 일으키기 때문에 이를 냉각하는 장치가 필요하고 동력 전달 또한 직선운동에서 회전운동으로 바뀌어야 하기 때문에 구조가 복잡하고 효율을 높이기 매우 까다롭습니다. 하지만 전기자동차는 전기모터를 사용하기 때문에 전력을 전달하면 바로 돌아갑니다. 구조가 간단하고 손실이 발생할 여지가 줄어드는 것이죠. 전기자동차의 열손실은 배터리를 충·방전할 때 발생하는데, 이것도 엔진 열손실에 비해서 월등히 낮습니다. 보통 전기자동차의 효율을 약 80퍼센트로 본다고 합니다. 따라서 화석에너지로 전기를 생산하고 이를 충전에 사용한다고 해도 전기자동차의 효율이 엔진자동차에 비해서 높습니다. 효율이 높으니 주행에 드는 비용은 당연히 엔진자동차보다 덜 들겠죠.

소비자 입장에서 전기자동차의 가장 큰 단점은 높은 가격과 충전의 불편함일 것입니다. 높은 가격을 해결하려면 먼저 리튬이온전지의 가격을 낮춰야겠죠. 리튬이온전지를 이루는 요소는 양극, 음극, 전해질, 그리고 케이스입니다. 이 중 가장 고가의 물질은 양극 물질입니다. 앞에서도 언급했듯이 리튬이온전지에 양극 물질로 처음 쓰인 물질은 리튬코발트산화물입니다. 리튬코발트산화물은 코발트산화물이 2차원 층상 구조를 형성하고 그 사이사이에 리튬이 삽입되는 구조입니다. 코발트는 오래전부터 고가의 금속이었습니다. 코발트 블루, 코발트 그린이라는 말이 있을 정도로 오랫동안 안료로 사용되기도 했습니다. 잉크, 페인트 등에 첨가하기도 하고 스테인드글라스를 만드는 색유리에 사용되기도 했으며 중국에서는 도자기에도 많이 사용되었습니다. 근래에는 고온에서 안정적이고 부식 및 마모에 강한 특성 때문에 항공기 산업 및 의료산업에 많이 쓰이고 있습니다. 다만 쓰임새는 많은데 생산량이 충분하지 않아 가격이 높게 형성되어 있습니다. 따라서 전기자동차처럼 대용량의 전지를 사용하는 분야에는 적합하지 않습니다.

리튬망간산화물($LiMn_2O_4$)도 리튬이온전지의 양극 물질로 사용할 수 있습니다. 리튬망간산화물은 망간산화물이 3차원 구조를 이루고 그 사이사이에 리튬이온이 삽입되어 있는 구조입니다. 망간은 코발트에 비해 가격도 싸고 독성도 적습니다. 자동차용으로는 적합한 조건이지요. 하지만 리튬망간산화물은 구조가 3차원이어서 깨지기 쉽습니다. 충·방전이 반복되면 리튬이온이 망간산화물 구조에 들어갔다 나왔다 하며 부피 변화가 생겨 구조가 깨지고 다시는 리튬이온이 들어갈 수 없는 다른 구조로 변해버립니다. 앞서 설명했듯이 그래파이트나 코발트산화물의 경우 판 형태의 2차원 구조라 리튬이온이 들어갔다가 나갔다를 반복해도 견딜 수 있지만 3차원의 망간산화물은 그렇지 않습니다.

이러한 단점을 극복하기 위해 망간과 니켈, 코발트를 섞어 만든 리튬니켈망간코발트산화물이 자동차용 리튬이온전지로 쓰이고 있습니다. 여러 물질을 섞는 방식은 새로운 물질을 개발할 때 연구개발자들이 많이 하는 일인데, 여기서는 가격이 싼 망간이나 니켈, 혹은 망간

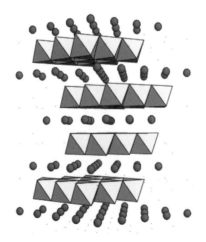

코발트산화물이 옥타헤드론(정팔면체) 구조의 판을 형성하고 그 사이에
리튬이온(점)이 들어가는 구조의 리튬코발트산화물

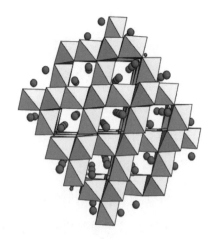

3차원 구조의 망간산화물(정팔면체) 중간에 리튬이온(점)이
삽입되어 있는 구조의 리튬망간산화물

과 니켈을 함께 코발트와 섞는 것이죠. 조성을 잘 맞춰 섞어주면 특성
은 나아지고 가격도 저렴한 양극 물질을 만들 수 있습니다. 이 리튬니
켈망간코발트 양극 물질은 LG화학이 양산화해 BMW의 전기자동차
에 적용되고 있습니다. 자동차용으로 성능과 가격이 맞아 적용된 것
이죠.

　또 하나의 양극 물질은 리튬철인산화물(LiFePO$_4$)입니다. 리튬철인
산화물은 현재까지 개발된 양극 물질 중 가격이나 독성 면에서 가장
좋습니다. 3차원 구조지만 인산화물 음이온(PO$_4{}^{3-}$)이 탄력성이 있어
계속되는 충·방전에도 구조가 유지됩니다. 물론 단점도 있습니다. 물
질 자체의 전도도가 좋지 않아 리튬이 들어가고 나오는 속도가 매우
느리다는 것이죠. 이는 리튬전지를 충전하는 데 시간이 오래 걸린다

는 의미입니다. 휴대전화의 배터리가 없을 때 충전 속도가 매우 느리다면 사람들이 불편을 느낄 것입니다. 그런데 만약 충전 대상이 자동차라면 그 불편은 배가 됩니다. 자동차가 움직일 수 없는 상태로 오랫동안 충전기 앞에 있어야 한다는 의미이기 때문이죠. 충전 속도가 느리면 방전 속도도 느립니다. 방전 속도가 느리면 고출력을 원할 때(급가속을 할 때) 전력을 공급하기 어렵습니다.

이러한 단점을 극복하기 위해 리튬철인산화물 표면을 전도성이 좋은 물질로 싸기도 하고 전도성을 좋게 만드는 다른 원소를 도핑하기도 합니다. 이러한 연구 개발에 힘입어 최근에는 인터넷상에서 리튬철인산화물을 적용한 리튬이온전지가 시판되거나 몇몇 전기자동차에 적용되기도 했습니다.

이렇게 가격을 낮춰도 충전의 불편함은 해결해야 합니다. 리튬이온전지의 충전 방식은 정전류 방법(일정 전류를 흘려주며 전압을 체크하는 방법)과 정전압 방법(일정 전압 하에서 전류를 흘려주는 방법)이 있는데, 보통 이 두 방법을 순차적으로 사용합니다. 리튬이온전지가 방전된 상태에서 정전류 방법으로 충전을 하면 전압이 지속적으로 상승합니다. 이때 일정 전압에 도달하면 정전압 방법으로 충전을 해서 미처 이동하지 못한 리튬이온을 이동시켜 충전을 완료하는 것이죠. 계속 정전류 방법으로만 충전하면 전압이 위험수위까지 올라갈 수 있기 때문에 안전하면서도 효과적으로 충전되도록 이러한 방법을 사용합니다.

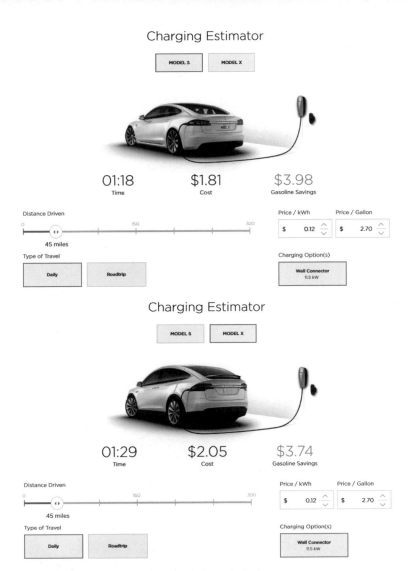

테슬라 홈페이지에 제시된 충전기별 충전 시간 및 비용

　　이외에도 전기자동차 회사에서는 충전 속도를 빠르게 하려는 연구를 많이 진행하고 있습니다. 테슬라의 홈페이지에는 급속 충전 시스템이 소개되어 있는데, 그 내용을 살펴보면 일반 충전기의 경우 한 시간 10분 동안 충전하면 약 40마일(65킬로미터)를 달릴 수 있는데 슈퍼 차저의 경우 6분 만에 똑같은 거리를 달릴 수 있을 만큼 충전 성능이 개선되었다고 합니다. 물론 슈퍼 차저를 사용하면 충전 비용이 올라가지만 급한 상황에 매우 유용할 것입니다. 슈퍼 차저가 아닌 가정용 일반 충전기로 충전할 경우에도 휘발유에 비해 월등히 적은 비용으로 같은 거리를 주행할 수 있습니다.

또 다른 해결책은 주차할 때 충전을 하는 것입니다. 직장인 대부분이 낮에 차를 주차장에 몇 시간씩 그대로 두고 있는 상황을 고려할 때 모든 주차구역에 충전기를 설치하고 주차 중에 항상 충전할 수 있도

전기자동차용 태양광 발전 충전기

록 설비를 갖추면 출퇴근용으로는 불편함 없이 전기차를 이용할 수 있을 것입니다. 주차장에 태양전지와 충전기가 같이 설치되어 있다면 더욱 좋겠죠. 정보통신 분야에서 두각을 나타내는 기업 구글의 본사에는 이미 이러한 설비가 구축되어 있어 많은 직원들이 전기자동차를 이용하여 출퇴근을 하고 있습니다. 모든 부분을 꼼꼼히 따져봐야겠지만 미래에는 이러한 주차장의 모습이 낯설지 않겠죠?

사실 주차장에 태양전지를 설치해 전기자동차를 충전한다면 환경적인 측면에서는 더할 나위 없이 좋은 일입니다. 태양전지는 태양빛을 받아 전기를 생산하기 때문에 지구가 받는 열을 줄이는 효과가 있고, 자동차는 이를 이용해서 동력을 얻을 수 있습니다. 그러니 태양이 있는 한 계속해서 사용해도 환경 문제가 전혀 생기지 않죠. 국내에서도 이와 관련해 좋은 시도들이 시작되었습니다. 한국전력에서는 전봇대를 이용하여 전기자동차를 충전하는 시스템을 개발했습니다. 전봇대 옆에 주차 시설을 만들고 주차하면서 바로 충전을 할 수 있는 시스템인데, 확실히 전기자동차의 국내 보급에 힘을 실어줄 수 있을 것 같네요.

염료감응 태양전지:
광전기화학형 태양전지

태양전지와 전기자동차의 조합은 어떠한 면에서 보면 이상적이기까지 합니다. 이전 장에서 이야기했듯이 태양에너지에서 전력을 생산해서 바로 전기자동차를 충전하면 에너지를 효율적으로 생산하고 사용할 수 있으며 환경적으로도 전혀 문제가 없습니다.

이러한 전기자동차는 최근에 개발된 것 같지만 실은 매우 오래전부터 개발이 시작되었다고 합니다. 다큐멘터리 영화 <전기자동차를 누가 죽였나>에 의하면 최초의 전기차는 네덜란드 사람인 크리스토퍼 벡커Christopher Becker가 1835년에 만들었다고 합니다. 놀랍도록 오래전이죠? 크리스토퍼 벡커가 만든 전기자동차는 최초의 충전 가능한 전지인 납축전지가 개발되기 전에 만든 것입니다. 즉 충전해서 계속 사용할 수 있는 자동차가 아니라 전지가 다 되면 다시 새로운 전지로 바꾸어야 작동되는 전기자동차였습니다.

그렇다면 태양전지는 언제, 누가 개발했을까요? 맨 앞에서도 잠깐 언급했는데, 최초의 태양전지는 벨 연구소가 1950년대 초에 개발했습니다. 벨 연구소는 통신 관련 연구소니까 당연히 통신과 관련한 연구를 했겠죠? 초기 벨연구소가 집중한 연구 및 개발은 전기신호의 증폭이었습니다. 전화기는 인간의 목소리를 전기신호로 변환하여 멀리 보낸 후 다시 인간의 목소리로 변환하여 들려주는 장치인데, 예전에는 전기신호를 멀리 보내는 기술에 어려움이 있었습니다. 특히 많은 양의 신호를 증폭하여 보내려면 효율적인 증폭장치가 필요한데 당시 다이오드로 쓰이던 진공관은 효율이 그다지 좋지 못했죠. 진공관의 가장 큰 문제점은 크기와 발열이었습니다. 그래서 초기 벨 연구소의 연구는 효율적인 신호 증폭 시스템의 개발에 집중되었고, 그 결과 앞에서 말했듯이 세계 최초로 실리콘 트랜지스터를 개발합니다. 반도체 산업의 시작이었죠.

이후 벨 연구소는 p형 실리콘과 n형 실리콘이 접합된 다이오드 형태의 판에 빛을 쏘면 전기가 생산된다는 사실을 발견하고 1954년에 관련 논문을 발표합니다. 벨 통신 연구소Bell Telephone Lab의 채핀D. M. Chapin, 플러C. S. Fuller, 피어슨G. L. Pearson이 발표했는데, 당시에는 솔라셀Solar Cell(태양전지)이라는 이름 대신 포토셀Photocell이라는 이름을 사용했습니다.

우리말로 규소라고 부르는 실리콘은 전기가 잘 통하는 도체도 아니고 전기가 통하지 않는 부도체도 아닌 물질입니다. 그래서 반도체라고 부르지요. 이 실리콘에 어떤 물질을 조금 섞으면(이러한 과정을 도핑이라고 합니다) 전자가 잘 움직이게 할 수 있고, 또 다른 물질을 섞으면 정공hole이 잘 움직이게 할 수 있습니다. 실리콘(Si)에 5가 원소인 질소(N)나 인(P)을 도핑하면 실리콘보다 전자가 하나 많아서 전자가 남기 때문에 전자가 잘 움직이는 n형 반도체 물질이 됩니다. 반대로 3가 원소인 붕소(B), 알루미늄(Al), 갈륨(Ga) 등을 도핑하면 전자가 하나 모자라서 정공이 잘 움직이는 p형 반도체 물질이 됩니다. n형 반도체와 p형 반도체를 붙이면 전류가 한 방향으로만 흐르는 다이오드를 만들 수 있습니다. 여기에 햇빛을 비추니 햇빛을 흡수하여 전자가 한 방향으로 흐르는 태양전지가 된 것이죠.

실리콘 태양전지는 전기화학기기는 아닙니다. 반도체 실리콘 태양전지니까요. 그런데 전기화학기기 중에도 태양전지가 있습니다. 소니가 리튬이온전지를 막 상용화하던 1990년대 초에 스위스 로잔연방공대École polytechnique fédérale de Lausanne의 그라첼 교수가 약 10퍼센트 효율의 염료감응 태양전지를 발표했는데, 이 독특한 구조의 태양전지가 전기화학기기입니다. 그래서 염료감응 태양전지를 광전기화학형 태양전지라고도 합니다.

염료감응 태양전지는 말 그대로 염료dye에 감응하는 태양전지입

유리로 만들어서 창문 형태로 적용할 수 있는 염료감응 태양전지

니다. 여기서 염료는 빛을 흡수해서 색깔을 띠는 물질로 옷을 염색할 때 쓰는 염료와 같은 뜻입니다. 옷에 쓰이는 염료와 마찬가지로 염료감응 태양전지용 염료도 색깔이 다양해서 빨간색, 노란색, 초록색을 모두 구현할 수 있습니다.

실리콘 태양전지와 염료감응 태양전지는 물질도, 구조도, 작동 원리도 다릅니다. 완전히 다른 형태의 태양전지죠. 물론 외형도 많이 다릅니다. 실리콘 태양전지의 경우 짙은 색의 검푸른 실리콘 위에 은전도성 물질이 여러 줄 코팅되어 있는 형태가 일반적입니다. 최근에는 은전도성 물질이 표면에 코팅되어 있지 않은 형태로 나오기도 하지만, 기본적으로 어두운 색입니다. 하지만 염료감응 태양전지는 유리에 구현하기 때문에 밝고 다양한 색으로 만들 수 있고, 창문 형태로도 만들 수 있습니다. 물론 투명한 구조이기 때문에 다른 태양전지에 비해 효율은 떨어지지만 대형 빌딩에 유리창 형태로 적용할 수 있다는 장점이 있습니다.

염료감응 태양전지에서는 광촉매라는 물질이 중요한 역할을 합니다. 빛을 받아서 유기물을 분해시키는 물질인데, 대표적으로 이산화티타늄(TiO_2)이 있습니다. 광촉매에 새집 증후군의 주원인인 유기 물질(VOCs) 제거 능력이 있다고 알려지면서 광촉매 시공이 유행한 적도 있는데요, 이산화티타늄이 광촉매 능력을 발휘하려면 태양광 중에서도 자외선(파장이 짧으면서[400나노미터nm 이하] 에너지가 센 영역의 빛)이 필요합니다. 이산화티타늄이 자외선을 받으면 전자가 가득 차 있는 가전도대valence band에서 전자가 없는 전도대conduction band로 전자가 들뜨게 됩니다. 잘 이해가 가지 않으면 부록 6. 반도체 물질의 밴드이론을 참고해주세요.

이렇게 들뜬 전자exited electron는 에너지가 높은 상태이기 때문에 보다 낮은 에너지 상태로 가려고 하는 성질이 있습니다. 이 때문에 공기 중의 산소와 만나서 산소 음이온을 형성하는데, 산소 음이온은 반응성이 좋아 공기 중의 탄화수소물질을 분해합니다. 냄새가 있는 탄화수소 물질이 산소 음이온과 만나서 분해되면 이산화탄소와 물이 되기 때문에 냄새가 제거되는 것이죠. 전자가 가득 차 있던 이산화티타늄의 가전도대에서 자외선을 받아 전자가 들뜨면 정공이 생기는데, 정공은 전자가 부족한 상태이기 때문에 전자를 어디선가 얻어오려고 합니다. 이때 공기 중에 있던 수분이 정공과 만나면 수산화라디칼(OH ·)이 생성되고, 이 역시 반응성이 좋아 공기 중의 탄화수소물질을 분해합니다. 이런 원리로 새집 증후군의 원인이 되는 다양한 탄화수소물질을 제거하는 것이죠.

그라첼 교수는 가시광을 흡수하지 못하고 자외선만을 흡수하는 이산화티타늄에 염료를 흡착시켜 가시광을 흡수하는 능력을 높여주었습니다. 햇빛은 자외선, 가시광선, 적외선으로 구성되는데 그중 가시광선 영역의 에너지가 가장 크기 때문에 가시광을 잘 흡수해야 효율적인 태양전지가 됩니다. 또한 염료가 햇빛의 가시광을 받는 역할을 하므로 염료의 양이 많아야 효율적인데, 이산화티타늄 나노 구조

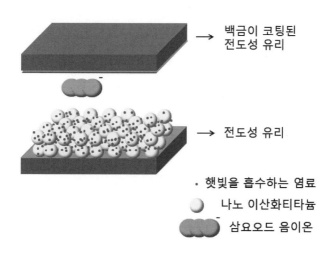

백금이 코팅된 전도성 유리

전도성 유리

· 햇빛을 흡수하는 염료
나노 이산화티타늄
삼요오드 음이온

염료가 흡착된 나노 구조 이산화티타늄이 코팅된 음극과 백금이 코팅된 양극 사이에 전하를 전달하는 삼요오드 음이온이 포함된 전해질을 가지는 구조의 염료감응 태양전지

체가 이를 가능하게 합니다. 이산화티타늄을 나노 입자로 만들어 3차원으로 연결되게 열처리를 한 후 염료를 흡착시키면 이산화티타늄의 표면적이 넓어져 많은 양의 염료와 결합할 수 있게 되는 것이죠. 이렇게 하면 전지가 투명해진다는 장점도 있습니다.

염료감응 태양전지는 염료가 흡착된 나노 이산화티타늄이 코팅된 음극, 백금이 코팅된 양극, 그리고 이 사이에 삼요오드 음이온을 포함하는 전해질로 구성되어 있습니다. 전형적인 전기화학기기 형태죠. 태양빛을 받아야 하기 때문에 투명한 전극을 사용합니다. 가장 많이 쓰이는 투명한 전극은 유리 기판에 ITOIndium Tin Oxide(인듐주석산화물)을 수백 나노 두께로 코팅한 것입니다. TV 등의 화면에 쓰이는 디스플레이나 휴대전화 디스플레이가 모두 이 ITO 유리를 사용합니다. 비슷한 투명 전극 물질로 FTOFluorine doped Tin Oxide(불소 도핑된 주석산화물)가 있습니다. FTO 유리는 ITO 유리에 비해 덜 투명하지만 고온에서 안정적인 특성 때문에 고온 열처리가 필요한 분야에 쓰입니다. 염료감응 태양전지를 제조할 때도 400도로 열처리하는 과정이 있어이 유리를 사용합니다.

염료감응 태양전지 제조 방법을 간단히 설명하자면 먼저 FTO 기판 위에 나노이산화티타늄이 포함된 페이스트를 스크린 인쇄법으로 코팅한 후 400도에서 열처리하여 20나노미터 크기의 이산화티타늄이 3차원으로 연결된 구조의 전극을 형성합니다. 이 전극을 염료가 녹아 있는 용액에 일정 시간 담가 염료를 흡착시킵니다. 염료에는 카

르복실산기(COOH)가 있고 이산화티타늄의 표면에는 하이드록시기(OH)가 있어 축중합 반응으로 물이 떨어져 나오면서 흡착됩니다. 이렇게 음극(음극에서 햇빛을 흡수하고 전달하는 역할을 해서 일전극이라고도 합니다)을 만듭니다. 양극(양극은 전자를 전달하는 역할만 해서 상대전극이라고도 합니다)은 백금 페이스트를 코팅한 후 열처리해서 만듭니다. 이렇게 만든 두 전극을 마주보게 하여 밀봉재로 밀봉한 후 전해질을 주입하면 완성됩니다. 복잡해 보여도 만들면 매우 얇아서 유리 두 장이 그냥 붙어 있는 것처럼 보입니다. 두 유리 사이의 간격은 약 20~30마이크로미터㎛ 정도입니다.

음극 쪽으로 햇빛이 들어오면 이산화티타늄에 붙어 있는 염료가 햇빛을 흡수하여 들뜬 전자를 생성합니다. 들뜬 전자는 이산화티타늄으로 이동한 후 FTO 유리를 통하여 외부 회로로 빠져나가 일을 한 후 백금이 코팅되어 있는 양극을 통해 전해질에 있는 삼요오드이온(I_3^-)을 요오드이온($3I^-$)으로 환원시킵니다. 환원된 요오드이온이 처음 전자가 들뜨면서 생성된 염료의 정공에 전자를 전달해주면 염료는 초기 상태로 되돌아오며, 다시 햇빛을 흡수할 수 있는 상태가 됩니다. 이 과정을 계속해서 반복하면서 전기를 생산하는 것이죠.

창문에서 전기를 생산하는
염료감응 태양전지 모듈

에너지 효율 측면에서 보면 전기를 소비하는 곳에서 생산하는 것이 가장 이상적입니다. 전기를 생산해서 고전압으로 변환하고 멀리 송전하고 다시 전압을 내리고 하는 등의 번거로운 과정을 생략할 수 있기 때문이죠. 그래서 건물에 태양전지를 설치해 전기를 생산하려는 노력을 많이 합니다. 앞에서 보았듯이 이미 지붕이 있는 주택의 햇빛을 잘 받는 남쪽 면에 태양전지를 설치한 가정이 꽤 많습니다. 지붕 말고 벽면에도 태양전지를 설치하면 좋겠죠? 그런데 주택의 남쪽에는 대부분 커다란 창문이 자리합니다. 그러니 창문에 반투명하면서 전기도 생산할 수 있는 창호형 태양전지를 설치하면 더 많은 전기를 생산할 수 있습니다.

최근 스위스의 에이치 글라스H Glass라는 기업은 세계 최초로 염료감응 태양전지를 이용하여 창호형 태양전지를 제조하고 상용화했습니다. 설치 비용이 상당히 고가여서 일반 주택에는 아직 설치하기 어렵지만 유럽의 몇몇 관공서나 공공건물에는 이미 설치가 되었습니다. 염료감응 태양전지를 적용한 건물은 아름다운 것이 특징입니다. 투명하면서 다양한 색을 구현할 수 있기 때문에 전지가 마치 스테인드글라스와 같은 역할을 하는 것이죠.

염료감응 태양전지는 어떻게 이산화티타늄이라는 산화물을 쓰면서도 투명할 수 있을까요? 그 비밀은 나노 구조에 있습니다. 나노입자란 크기가 대략 1~100나노미터 단위인 입자를 말하는데, 여기서 나노는 10^{-9}미터입니다. 보통 원자의 크기가 10^{-10}미터 정도 되니까 원자 수 개에서 수십 개가 모이면 나노입자의 크기가 됩니다. 아주 작은 입자인 셈이죠. 그런데 이렇게 작은 입자는 큰 입자와 다른 성질을 가집니다. 우리가 눈으로 볼 수 있는 빛 영역대인 가시광의 파장은 400~700나노미터인데, 수십 나노의 입자들은 가시광의 파장보다 월등히 작아서 일부 빛은 산란하지만 나머지 빛 대부분은 그대로 지나갑니다. 그래서 나노 크기의 입자들은 입자의 성분에 상관없이 대부분 투명합니다. 즉 염료감응 태양전지는 이산화티타늄 산화물을 사용했지만 20나노미터 크기의 나노입자를 연결해놓은 구조이기 때문에 투명한 것입니다.

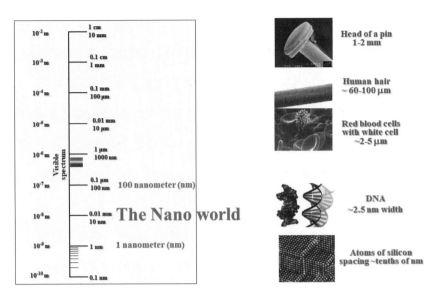

나노 구조체와 가시광 영역의 크기 비교

염료감응 태양전지를 적용한 반투명 창호를 만들려면 먼저 모듈을 만들어야 합니다. 보통 태양전지를 연구할 때는 손톱만한 크기의 셀을 제작하여 성능을 시험합니다. 그런데 손톱만한 셀을 창문 크기로 만들려고 면적만 키우면 효율이 떨어집니다. 염료감응 태양전지에 사용되는 투명전도성 기판인 FTO 유리의 전도도가 금속에 비해좋지 않기 때문입니다. 그래서 창호 형태로 만들 때는 전지의 중간이나 맨 끝에 은을 코팅하여(실버 그리드) 전도도를 높인 후 셀을 여러 개연결하는 구조로 만들어야 합니다. 셀을 연결할 때는 전압이 높아지도록 직렬로 연결합니다. 셀을 연결하여 모듈을 만드는 방식은 대표적으로 두 가지 방법이 있는데, 하나는 W 구조이고 다른 하나는 Z 구

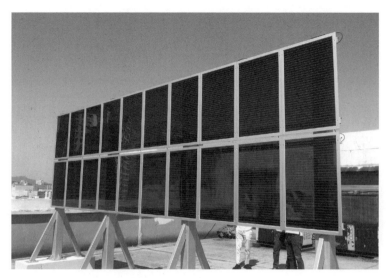

한국에너지기술연구원 건물 옥상에서 테스트 중인
42인치 크기의 염료감응 태양전지 모듈

조입니다. W 구조는 +극과 -극을 한 면에 구현한 구조이고, Z 구조는 일전극인 -극이 모두 전면에 있는 구조입니다. W 구조는 구현하기 쉬운 편이나 효율이 떨어진다는 단점이 있고, Z 구조는 구현하기는 좀 더 어렵지만 효율이 높다는 장점이 있습니다. 에이치 글라스의 모듈이 대부분 W 구조입니다.

국내에서도 디스플레이 전문 기업인 오리온이 한국에너지기술연구원과 협력하여 42인치 크기의 염료감응 태양전지 모듈을 Z 구조로 개발해 연구원 건물의 옥상에서 성능 테스트를 진행 중에 있습니다. 현재는 42인치 크기의 모듈에서 15와트 정도의 전력을 생산하지만 미래에는 기술이 향상되어 더 많은 전력을 생산할 수 있을 것으로 기대합니다. 창문형 태양전지 모듈이 활성화되어 여러 건물에 적용된다면 미래 청정에너지 생산에 기여할 수 있을 것입니다.

똑똑한 유리창: 스마트 윈도

대부분의 차에는 색 필름tinting film
이 부착되어 있습니다. 햇빛이 강할 때 차량 내부로 들어오는 빛을 줄
여 내부 온도가 과하게 올라가는 것을 막고 눈부심을 줄여 시야를 확
보하려고 사용합니다. 그런데 해가 지고 어두워지면 색 필름이 시야
를 방해하여 오히려 운전에 방해가 될 수 있습니다. 이럴 때 필름이 투
명해지면 좋겠죠?

투명한 유리였다가 전기를 가하면 색이 진해지는 유리가 있습니
다. 전기를 가하는 양에 따라 색의 농담도 조절할 수 있습니다. 보
통 투명했다가 색을 띠거나 불투명해지는 유리를 스마트 윈도라
고 하는데, 전기가 들어오면 투명했다가 색을 띠는 전기변색 소자

electrochromic device, 열이 가해지면 투명했다가 색을 띠는 열변색 소자 thermochromic device, 투명했다가 불투명해지는 피디엘씨PDLC: polymer dispersed liquid crystal 액정, 빛을 받으면 투명했다가 색을 띠는 빛변색 소자photochromic device 등이 있습니다.

그중 전기변색 소자가 바로 전기화학기기입니다. 전기변색 소자는 일상생활에서 쉽게 보이지는 않지만 고급 빌딩이나 비행기 등에 적용되고 있습니다. 보잉 사 787기의 유리창이 전기변색 소자로 되어 있어 이를 신기해한 승객들이 유리창 밑에 달린 스위치를 누르면 창문 색이 변하는 동영상을 찍어 유튜브에 올리기도 했습니다.

전기변색 소자의 색 변화는 산화환원반응 때문에 일어납니다. 처음 이러한 현상을 발견한 사람은 스위스의 안료pigment와 염료 생산자 디스바흐Johann J. Diesbach입니다. 안료와 염료는 둘 다 색을 띠는 물질이지만 착색시키는 방식에 따라 구분됩니다. 안료는 분말 형태로 다른 물질과 섞여서 색이 나고, 염료는 용액 상태에서 다른 물질을 물들여 색이 납니다. 다시 말하면 페인트에 분말 형태로 섞여 들어가 색을 내는 것이 안료, 옷감을 염색하기 위해 물이나 다른 용매에 녹여 사용하는 물질이 염료입니다. 프러시안 블루라는 안료를 처음 만든 사람도 디스바흐인데, 그는 철이 산화되는 과정에서 투명하던 물질이 짙은 청색으로 변하는 현상을 발견합니다. 이렇게 투명하거나 색이 없던 물질이 산화되면서 색을 띠면 이를 산화변색물질이라고 합니다. 프러시안 블루는 대표적인 산화변색물질이지요.

반대로 환원되면서 색을 띠는 물질도 있습니다. 1815년 스웨덴의 물리학자이자 화학자 베르셀리우스J. J. Berzelius는 옅은 노란색을 띤 고온 상태의 텅스텐산화물에 수소기체를 흘리면 텅스텐산화물이 파란색으로 변하는 현상을 발견합니다. 이 색 변화는 전기적인 변색이 아니라 화학적인 변색입니다. 화학적으로 수소분자가 이온화되면서 텅스텐산화물이 일부 환원되어 색을 띠는 것이죠. 이렇게 환원되면서 색을 띠는 물질을 환원변색물질이라고 합니다.

기본적으로 전기변색 소자는 리튬이온전지와 매우 유사한 구조입니다. 음극과 양극 사이에 리튬이온이 녹아 있는 전해질을 가진 구조로 리튬전지와 다른 점은 유리창 형태로 만들어야 하기 때문에 염료감응 태양전지처럼 금속 대신 투명전도성 유리를 전극으로 사용한다는 것입니다. 앞에서도 설명했듯이 투명전도성 유리는 저온 공정이 가능하면 ITO 유리, 고온 공정을 해야 하면 FTO 유리를 사용합니다. 한 전도성 유리에는 환원되면 색이 변하는 물질을, 다른 하나에는 산화되면 색이 변하는 물질을 각각 코팅하고 두 개의 전극을 접합한 후 리튬이온이 녹아 있는 전해질을 주입하면 완성됩니다. 하지만 액체는 햇빛을 받아 휘발되거나 변질될 수 있어 시중에 판매되는 것은 대부분 리튬이온이 이동할 수 있는 고체 전해질을 적용했습니다. 리튬이온은 고체 물질에서 이동 속도가 느리기 때문에 리튬이온전지에는 액체 전해질이나 젤형 전해질을 사용하지만 전기변색 소자의 경우 전기를 저장하는 기기가 아니기 때문에 변색 물질을 매우 얇게 코팅

보잉 787기에 설치되어 있는 전기변색 소자

합니다. 따라서 적은 양의 리튬이온만으로도 색이 변할 수 있어 고체 형태의 전해질을 사용해도 작동이 되죠.

전기변색 소자는 어떠한 원리로 작동할까요? 전기변색 소자의 재료로 가장 많이 쓰이는 텅스텐산화물(WO_3)를 예로 들어 설명하겠습니다. 텅스텐산화물에 리튬이온이 일부 삽입되면 리튬텅스텐산화물(Li_xWO_3)이 됩니다. 원래 텅스텐산화물에서 텅스텐은 +6의 산화 상태를 갖습니다. 특별한 경우가 아니면 산소는 금속에서 전자 두 개를 빼앗아 −2 상태의 음이온으로 존재하는데, 텅스텐은 산소 세 개와 결합되어 있기 때문에 전자를 여섯 개 잃어서 +6이 되는 것이지요. 그런데 텅스텐산화물에 리튬이온이 일부 들어오면 리튬이온의 산화 상태 때문에 전자를 하나 받아서 +5의 산화 상태를 갖는 텅스텐이 생깁니다.

원래 금속은 전자를 남에게 주는 것을 좋아하죠. 앞에서도 설명했지만 이러한 특성 때문에 금속이 녹이 슬어 산화 금속이 되는 것이고요. 텅스텐도 산화텅스텐으로 존재할 때는 전자 여섯 개를 산소에게 주고 안정적인 상태로 있었는데, 여기에 텅스텐보다 더 전자를 잘 주는 리튬이 이온 상태로 들어오는 바람에 일부 텅스텐이 전자를 하나 받아 +5 상태가 된 것입니다. 이 상황에서 전자를 하나 받은 +5 상태의 텅스텐은 틈만 나면 전자를 남에게 주려고 합니다. 주변에 있는 텅스텐들과 달리 갖기 싫은 전자를 하나 받아서 가지고 있으니 남에게 넘기고 싶은 것이죠. 그런데 다른 텅스텐들도 전자를 다 가지기 싫어하니까 그냥 넘길 수는 없고, 에너지를 받아야 합니다. 이때 에너지는 햇빛의 가시광 영역에 해당합니다. 이렇게 텅스텐이 햇빛을 받아 가시광 영역의 빛을 흡수하고 전자를 넘기는 과정을 전하이동흡수 charge transfer absorption라고 합니다. 특정한 가시광선을 흡수하고 나머지 빛을 투과시키거나 반사해 색을 띠는 것이죠. 텅스텐산화물의 경우 환원되면 파란색을 띠면서 가시광 영역을 대부분 흡수하여 빛이 투과되는 것을 차단합니다.

전기변색 소자를 건물에 적용하면 어떤 장점이 있을까요? 우선 여름에 태양빛이 과하게 건물 내로 들어오는 것을 막을 수 있습니다. 특히 인체에 유해한 자외선을 거의 완벽하게 차단할 수 있죠. 그리고 햇빛이 강할 때 눈부심을 줄여줍니다. 창가에 있는 컴퓨터의 모니터는 햇빛이 강하면 잘 보이지 않죠? 이때 커튼을 치거나 블라인드를 내리면 햇빛은 가려지지만 답답한 느낌이 듭니다. 전기변색 소자가 있다면 창문 색을 조절할 수 있으니 빛을 적당히 차단하여 답답하지 않으면서도 컴퓨터 모니터나 TV를 또렷하게 볼 수 있죠. 자동차의 앞이나 옆 유리에 적용되어도 매우 효과적일 수 있습니다. 더운 여름 낮에는 자동차로 들어오는 빛을 차단하여 차 안이 뜨거워지는 것을 막아주고 밤이 되면 투명해져서 시야를 확보할 수 있도록 해줍니다.

이외에 건물의 냉·난방비를 줄여줄 수 있다는 것도 큰 장점입니다. 여름에는 햇빛을 차단하여 냉방비를 줄일 수 있고, 겨울에는 난방을 할 때 적외선을 차단할 수 있습니다. 2013년, 가장 신임 받는 과학 잡지 중 하나인 <네이처Nature>에 관련 기술 내용이 발표되었습니다. 인듐틴산화물(ITO)의 나노결정을 포함하는 니오비움산화물(NbO_x)를 사용하면 가시광 투과도를 조절할 수 있을 뿐만 아니라 적외선 투과도도 동시에 조절할 수 있다고 합니다. 적외선은 겨울에 난방을 할 때 창문으로 방출되기 때문에 적외선을 차단하면 난방을 보다 효율적으로 할 수 있습니다. 창문이 똑똑해져서 색을 띠기도 하고 냉·난방비를 줄이기도 하니 스마트 윈도라고 할만하죠?

수소로 전기를 생산하는 연료전지

인류는 오래전부터 연료를 사용해 생활의 편의를 도모했습니다. 나무를 연료로 불을 지펴 음식을 익히고 집을 따뜻하게 했죠. 그러다 증기기관이 발명되면서 석탄을 연료로 사용하기 시작했습니다. 석탄을 때서 움직이는 증기기관차는 사람들을 멀리까지 쉽게 이동할 수 있게 해 주었고, 석탄을 땐 열로 터빈을 돌려서 전기를 생산하기 시작했습니다. 그 후 엔진 기관이 발명되면서 석탄보다 석유가 더 많이 사용되기 시작했고, 현재까지도 주 에너지원으로 사용되고 있습니다. 그렇다면 석유 다음은 무엇일까요?

인류가 사용한 연료의 질quality을 나타내는 지표가 있습니다. 수소

대비 탄소 비율인데요, 이 비율이 낮을수록 연료의 질이 좋습니다. 연료의 질이 좋을수록 같은 무게 혹은 같은 부피로 얻을 수 있는 에너지양(에너지 밀도)이 높고 이산화탄소 배출이 적어 환경에도 좋습니다. 현재까지 인류가 사용한 연료의 수소 대비 탄소 비율을 살펴보면 나무는 10, 석탄은 2, 석유는 0.5. 천연가스는 0.25 그리고 수소는 0입니다. 따라서 수소는 에너지 밀도 측면에서나 환경적인 측면에서 가장 좋은 연료입니다. 수소의 단위 질량당 에너지양은 휘발유gasoline의 약 네 배에 해당하며 수소를 연료로 사용하면 물 이외에는 아무것도 발생하지 않기 때문에 지구 온난화의 주범인 이산화탄소 배출 문제에서도 자유롭습니다.

그런데 왜 수소는 아직까지도 난방용이나 자동차용 연료로 쓰이지 못할까요? 몇 가지 이유가 있지만 경제적인 문제가 대부분입니다. 수소를 사용하려면 비용이 많이 든다는 말이죠. 수소는 대기 중에 존재하는 기체 중 크기가 가장 작아 저장이 어렵습니다. 또한 화염 속도가 빨라서 역화현상(수소가 새는 쪽으로 불꽃이 쫓아가는 현상)이 발생할 수 있고 폭발하면 에너지 밀도가 높기 때문에 피해가 큽니다. 에너지 밀도가 높은 것이 장점이자 단점인 셈이죠. 따라서 수소를 저장하려면 성능 좋은 탱크가 필요하고, 수소센서를 달아서 수소가 새는지 실시간으로 확인해야 합니다. 수소 자체의 가격도 유전에서 얻을 수 있는 천연가스에 비해 상대적으로 비쌉니다.

그렇다면 미래에 쓰일 가능성은 어떨까요? 연료의 질적인 측면을 생각하면 수소가 가장 좋다고 위에 언급했습니다. 그리고 인류는 늘 질이 좋은 쪽의 연료를 선택하는 방향으로 과학기술의 발전을 이뤘습니다.

기후 변화와 환경오염이라는 화석에너지 사용으로 생겨난 두 커다란 문제 중 일상생활을 하면서 더 실감되는 문제는 환경오염입니다. 그중에서도 미세먼지가 최근 우리나라에서 큰 문제가 되고 있습니다. 겨울철과 봄철에 미세먼지가 심한 날은 날씨가 좋아도 하늘이 뿌옇게 보이기 때문에 기분도 좋지 않고, 밖에 나가면 목도 아픕니다. 미세먼지는 왜 발생할까요? 우리가 흔히 미세먼지라고 부르는 물질을 전문적인 용어로는 PM 10(Particulate Matter < 10마이크로미터)이라고 부릅니다. 이는 10마이크로미터 이하 크기의 물질 총량을 의미합니다. 입자 크기가 더 작은 초미세먼지는 PM 2.5(Particulate Matter < 2.5마이크로미터)로 2.5마이크로미터 이하 크기의 물질 총량입니다. 이러한 미세먼지는 여러 가지 경로로 발생하지만 화석에너지를 연소시킬 때 많이 발생합니다. 특히 탄소의 개수가 많은 물질, 즉 나무나 석탄을 태우면 더 많이 발생하죠. 이것이 미세먼지 경보가 발령된 날에 오래된 경유차의 운행을 제한하는 이유입니다. 경유는 휘발유보다 탄소 개수가 많으니까요. 마찬가지 이유에서 휘발유보다 탄소 개수가 적은 LPG Liquefied Petroleum Gas 자동차를 일반인도 구매할 수 있도록 규제를 풀기도 했습니다.

최근 국토교통부에서는 보다 근본적으로 문제를 해결하고자 화물차 및 건설기계의 동력을 2035년까지 수소 및 전기 동력 기계로 전면 전환한다는 목표를 세웠습니다. 현재 화물차 및 건설기계는 대부분 경유엔진을 사용하고 있습니다. 힘이 좋아 무거운 짐을 나르거나 큰 힘이 필요한 건설장비에 적합하기 때문입니다. 이러한 경유차를 전기차나 수소에너지를 사용하는 자동차로 교체하겠다는 것이 정부의 의지입니다.

화물차 대부분이 전기차로 바뀌면 미세먼지 문제를 해결하는 데 도움이 될 수 있습니다. 하지만 앞에서 보았듯이 전기자동차는 충전 시간이 오래 걸린다는 단점이 있죠. 화물차는 장거리 운전을 하는 경우가 많고, 충전을 하면서 오랫동안 세워둘 수 없기 때문에 전기차로 대체하기에는 어려움이 있습니다. 그래서 수소 연료전지 자동차가 화물차를 대체할 가능성이 높습니다.

연료전지는 수소를 태우지 않고도 전기를 생산할 수 있는 획기적인 전기화학기기입니다. 연료전지는 수소를 촉매로 분해하여 전기를 생산하고 물을 배출하죠. 이처럼 연료를 태우지 않고 분해하기 때문에 열손실이 적어서 효율도 좋습니다. 연료전지는 전해질에 따라 고체산화물solid oxide 연료전지, 용융탄산염molten carbonate 연료전지, 수소이온교환막PEM: proton exchange membrane 연료전지, 인산phosphoric acid 연료전지 등으로 나눌 수 있는데, 이중 고체산화물 연료전지와 용융탄산염 연료전지는 작동 온도가 500도 이상으로 높아서 가정용이나 자동차용으로는 사용이 어렵고, 발전소나 대형 빌딩용으로 사용할 수 있습니다. 미국, 유럽, 일본에서는 이미 상용화가 시작되었습니다. 인산 연료전지나 수소이온교환막 연료전지는 작동 온도가 낮아서 가정용이나 차량용으로 사용이 가능합니다. 메탄올을 연료로 사용하는 직접메탄올 연료전지Direct methanol fuel cell는 수소이온교환 연료전지의 한 종류로 저장이 어려운 수소가 아닌 메탄올을 연료로 사용해 소형화가 가능해서 전력 사용이 많은 기기인 노트북 등의 전원으로 연구되었습니다. 하지만 다른 연료전지에 비해 효율이 낮고 일산화탄소 때문에 촉매 특성이 나빠지는 피독poisoning 현상 등의 문제로 현재까지는 크게 관심을 받지 못하고 있습니다. 물론 앞으로 상황이 어떻게 변할지는 알 수 없죠.

자동차에 사용되는 수소이온교환막 연료전지는 음극, 양극, 그리고 전해질로 구성되는 전형적인 전기화학기기입니다. 음극 쪽으로 연료인 수소가 공급되면 수소는 연소 과정이 아닌 백금계 촉매에 의한 해리 과정을 거쳐 전자를 내어주고 수소이온으로 산화됩니다. 양극에는 산소가 공급되어 전자를 받고 수소이온과 결합하여 물이 생성되죠.

열을 이용한 증기기관이나 폭발로 힘을 얻는 엔진 기관은 공통적으로 연료를 연소시킵니다. 연소를 시키면 열이 발생하고 열손실 때문에 효율이 좋지 않죠. 수소는 백금이나 팔라듐 같은 금속과 만나면 수소분자가 수소원자와 유사한 형태로 분리되는 경향이 있습니다. 이를 이용하면 수소를 연소시키지 않고도 수소에서 전력을 얻을 수 있습니다. 수소는 금속과 마찬가지로 전자를 남에게 주고 이온 형태로 존재하려는 물질이고, 백금이나 팔라듐은 다른 금속과 달리 자체가 안정적인 귀금속입니다. 그런데 백금이나 팔라듐 결정 내의 공간은 수소분자가 들어가기에 아주 적당합니다. 자유전자를 공유하면서 안정적으로 존재하는 귀금속 내에 수소가 들어가면 수소도 마치 금속인 양 전자를 공유합니다. 그래서 분자도 아니고 이온도 아닌 어중간한, 수소이온이 되기 쉬운 상태가 되는 것이죠. 이때 수소이온이 잘

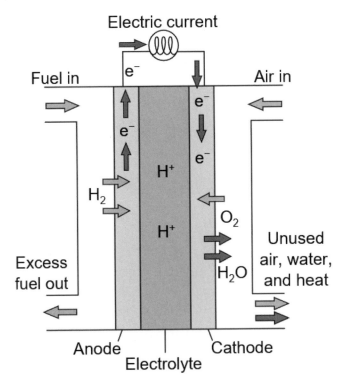

PEM 연료전지의 구조 및 작동 원리

통과하는 막을 매개체로 귀금속 결정과 전자 받기를 좋아하는 산소가 반응하게 만들면 전자가 흐르면서 연소 없이 전력을 생산할 수 있습니다.

연료전지로 전기를 생산할 때는 다른 대부분의 전기화학기기와 마찬가지로 전압과 전류가 중요합니다. 전압과 전류를 곱하면 힘Power이 되기 때문이죠. 전류량은 반응하는 수소의 개수에 따라 결정됩니다. 수소를 많이 공급하면 전류량이 늘어나죠. 그럼 전압은 어떻게 결정될까요? 전기화학기기의 전압은 앞에서 설명했듯이 음극 반응과 양극 반응을 합쳐서 결정합니다. 음극 반응의 산화전위와 양극 반응의 환원전위를 알면 됩니다. 연료전지는 수소와 산소가 반응하여 물이 생성되는 반응이기 때문에 물의 분해 반응과 전압이 1.23볼트로 같습니다.

앞서도 설명했듯이 연소하지 않고 전기를 생산하는 연료전지는 효율이 대체로 엔진보다 좋습니다. 때문에 많은 자동차회사들이 오래전부터 연구를 했습니다. 연료전지 자동차가 판매되어 실제로 운행되고 있는 곳은 미국의 캘리포니아 샌프란시스코와 산호세가 대표적입니다. 우리나라에서도 서울이나 울산 등에 수소 충전소가 있어 수소 연료전지 자동차를 운행할 수 있습니다.

현재 시판되고 있는 수소 연료전지 자동차는 현대의 넥쏘, 도요타의 미라이, 혼다 클라리티 정도입니다. 이들은 판매가가 엔진자동차에 비해 월등히 비싸고 충전소도 많지 않다는 이유로 같은 친환경 차

현대자동차의 넥쏘

량인 전기차에 비해서도 판매량이 적은 상황입니다. 하지만 수소 연료전지 자동차는 전기자동차의 장점을 고스란히 가지고 있는 동시에 전기차의 가장 큰 단점인 긴 충전 시간과 짧은 주행 거리에서 자유롭습니다. 그리고 모델에 따라 다르기는 하지만 한 번 연료를 주입하면 500킬로미터 이상 달릴 수 있습니다. 또한 연료 주입에 걸리는 시간도 3~5분 정도로 매우 짧습니다. 이처럼 수소 연료전지 자동차와 전기차는 서로 다른 장점과 단점을 가지고 있어 어느 하나가 시장을 장악하기보다는 한동안 서로 경쟁할 확률이 높습니다.

정부에서도 수소 연료전지 자동차 활성화에 힘을 실어주고자 시범도시를 선정할 예정입니다. 시범도시에 선정되면 수소 충전소 구

토요타의 미라이

축은 기본이고 수소생산시설과 공급시설도 건설됩니다. 이를 관리

하기 위한 정보통신기술 기반의 시스템을 구축하여 수소에너지 체계

전반을 실험하는 대규모 실증도 계획하고 있습니다. 아무쪼록 친환

경 자동차가 활성화되어 매연이나 미세먼지가 줄어들고 지구 온난화

가 멈추기를 바랍니다.

연료전지의 반응식

$-$ 극의 반응 : $H_2(g) \rightarrow 2H^+ + 2e^-$

$$E_{oxidation}^0 = 0V$$

$+$ 극의 반응 : $2H^+ + 2e^- + 1/2O_2(g) \rightarrow H_2O$

$$E_{oxidation}^0 = 1.23V$$

전체 반응 : $H_2(g) + 1/2O_2(g) \rightarrow H_2O$

$$E^0 = 1.23V$$

수소와 산소를 생산할 수 있는 광전기화학전지

앞서 태양전지와 전기자동차의 조합은 에너지 생산과 소비의 효율적인 측면에서 이상적이라고 설명했습니다. 이와 마찬가지로 이상적인 조합이 또 있습니다. 햇빛으로 수소를 생산하는 광전기화학전지PEC: Photo-Electrochemical Cell와 연료전지입니다. 광전기화학전지는 햇빛을 받아서 수소와 산소를 생산합니다. 연료전지는 수소를 연료로 사용하여 전력을 생산합니다. 따라서 이론적으로는 햇빛만 있으면 수소를 생산해서 저장하고 원하는 때에 연료전지로 전력을 생산할 수 있습니다.

광전기화학전지는 1967년 일본의 화학자 후지시마가 이산화티타늄에 강한 빛을 쬐면 물이 분해되어 수소와 산소로 분리된다는 사실을 처음 증명하면서 시작되었습니다. 이것이 후지시마의 지도교수인 혼다와 함께 명명된 혼다-후지시마 효과Honda-Fusishina effect로 잘 알려진 광촉매의 물 분해 현상입니다. 혼다-후지시마 효과는 이후 염료감응 태양전지, 광전기화학전지, 인공 광합성 등의 기술로 응용됩니다.

이산화티타늄은 염료감응 태양전지에서도 설명했듯이 자외선을 흡수하면 전자가 여기 되어 들뜬 전자와 정공을 생성하는 물질입니다. 태양전지는 가시광 영역 흡수가 중요하기 때문에 염료감응 태양전지에서는 이산화티타늄에 염료를 흡착시켜서 사용합니다. 그런데 이 들뜬 전자와 정공을 이용하면 전력을 생산할 수도 있지만 물을 분해해서 수소와 산소를 생산할 수도 있습니다. 광전기화학전지에는 가시광을 흡수해서 들뜬 전자와 정공을 만드는 매우 다양한 물질을 적용할 수 있습니다. 광흡수층으로 실리콘 반도체 물질을 사용해도 되고, n형 반도체 물질을 사용할 수도 있고, p형 반도체 물질을 사용할 수도 있습니다. 물질과 구조 모두 다양한 조합이 가능합니다.

그렇다면 n형 반도체 물질과 p형 반도체 물질은 어떻게 다를까요? 이는 페르미 레벨이 결정합니다. 페르미는 천재 물리학자죠. 그가 이룬 많은 업적 중 하나가 바로 페르미 레벨입니다. 페르미 레벨의 정의는 양자역학적으로는 좀 복잡합니다. 고체 물질에 있는 전자의 에너지 분포를 파악하기 위한 것으로 일반적인 에너지 분포를 나타내는 볼츠만 분포와 전자와 같이 스핀(입자의 고유한 각운동량)이 있는 물질을 적용하기 위한 파울리의 원리를 적용한 페르미 디락 분포의 중간 지점이 페르미 레벨입니다. 말이 상당히 어렵죠? 수식을 보면 더 어렵습니다. 그렇지만 이 어려운 수식을 다 이해할 필요는 없습니다. 수식이 의미하는 핵심만 이해하면 되죠. 페르미 레벨은 각 전자의 에너지 레벨의 평균을 의미합니다. 다른 말로 정의하면 '에너지 레벨을 고려할 때 전자가 발견될 확률이 2분의 1인 지점'입니다. 금속을 예로 들면 전도대와 가전도대가 붙어 있는 경우 전자가 발견될 확률은 금속 내부에서는 100퍼센트, 금속 외부에서는 0퍼센트이고 금속의 표면에서는 50퍼센트, 즉 2분의 1이 됩니다. 그러니까 금속의 페르미 레벨은 전도대와 가전도대가 붙어있는 지점, 즉 금속의 표면이 되겠죠?

그런데 반도체의 경우 금속과 달리 전도대와 가전도대가 떨어져 있습니다. 이때 페르미 레벨이 전도대에 가깝게 있으면 n형 반도체 물질이고 가전도대에 가깝게 있으면 p형 반도체 물질입니다. 다시 말하면, n형 반도체 물질은 전자의 평균 에너지 레벨이 전도대에 가깝고 p형 반도체 물질은 가전도대에 가깝습니다. n형 반도체 물질은 전자의 평균 에너지가 전도대에 가깝기 때문에 전자가 이동하여 전도성을 띱니다. 물론 금속처럼 전도대와 가전도대가 붙어 있는 경우에 비하면 전도도가 떨어집니다. 그래서 전도체도 아니고 부도체도 아니기 때문에 반도체라고 부르는 것이죠.

이산화티타늄은 전형적인 n형 반도체 물질입니다. 그런데 자외선을 받으면 가전도대에 있던 전자들이 에너지를 받아서 전도대로 이동합니다. 이렇게 전도대에 전자가 더 많이 들어오면 전도도가 좋아집니다. 이러한 특성을 이용한 것이 앞에서 설명한 염료감응 태양전지입니다. 이산화티타늄에 염료를 붙여서 자외선이 아닌 가시광을 흡수하게 하여 전자가 들뜨면 이산화티타늄의 전도대에 전자가 많아져 전도도가 높아집니다. 이때 외부에 회로를 연결하면 높아진 전도도 때문에 전자들이 흘러 전력을 생산하는 것이죠.

광전기화학전지는 이렇게 전도대에 형성된 전자들을 이용하여 전력을 생산하는 것이 아니라 물을 분해해서 수소와 산소를 생산하는 전화기입니다. 가장 많이 연구된 n형 반도체 물질을 적용한 광전기화학전지를 예로 들어보겠습니다. 음극에는 햇빛을 받아서 전자가 들뜰 수 있는 n형 반도체 물질이 코팅된 전극을 사용합니다. 양극에는 전자를 잘 전달해 줄 수 있는 금속 전극을 사용합니다. 그러면 n형 반도체 물질이 햇빛을 흡수하여 들뜬 전자를 만들고, 이 전자는 양극으로 이동해서 물속의 수소이온을 환원시킵니다. 앞에서도 설명했지만 산화환원반응에서 전자를 받으면 환원됩니다. 반대로 전자를 잃으면 산화되죠. 그렇다면 햇빛을 받아 전자가 들뜬 n형 반도체의 가전도대에 생성된 정공은 전자를 받아야 하니까 남을 산화시키는 능력이 있겠죠? 물이 산화되면 무엇이 될까요? 과산화수소가 될 수도 있지만 궁극적으로는 산소가 됩니다. 그래서 광전기화학전지로 물을 분해하면 수소와 산소가 생성됩니다. 따라서 n형 반도체 물질은 물이 분해되는 전압인 1.23전자볼트eV 보다 밴드 갭band gap(반도체와 절연체에서, 가전도대와 전도대 간에 있는 전자 상태 밀도가 제로로 되는 에너지 영역과 그 에너지 차)이 커야 반응이 일어납니다. 저항 때문에 줄어드는 전압을 고려하면 더 큰 밴드 갭이 필요하죠. n형 반도체 물질로는 비스무스바나듐산화물($BiVO_4$), 텅스텐산화물, 철산화물(α-Fe_2O_3), 탄탈륨질화물(Ta_3N_5) 등이 있습니다.

그런데 물이 분해되어 수소와 산소가 나뉘는 반응은 어디서 본 듯하죠? 바로 연료전지 반응의 역반응입니다. 따라서 별다른 부반응(원하는 반응 이외에 일어나는 모든 반응. 보통 좋지 않은 결과로 이어집니다) 없이 햇빛만 있으면 광전기화학전지를 이용하여 수소를 생산하고 이를 저장했다가 연료전지를 이용하여 전기를 생산할 수 있습니다. 아직까지는 햇빛으로 만들 수 있는 수소의 생산 효율이 10퍼센트 정도로 햇빛에서 직접 전기를 생산하는 태양전지(상용화된 모듈이 약 20퍼센트)에 비해 좋지 않고 물속에 담근 반도체 전극이 부식되는 현상 등의 문제점 때문에 상용화되지 못하고 있지만 수소에너지 시대가 온다면 수소를 생산하는 매우 유용한 기술이 될 것이고, 연료전지와도 아주 좋은 조합을 이룰 것입니다.

에너지 밀도가 월등히 높은 금속공기전지

앞에서 말했듯이 리튬이온전지를 적용한 전기자동차에는 두 가지 큰 단점이 있습니다. 충전을 하는 데 시간이 많이 걸리고, 한 번 충전으로 달릴 수 있는 거리가 짧죠. 충전 시간은 슈퍼 차저와 같은 고속충전기를 사용하는 등 해결책을 모색하고 있지만 한 번 충전으로 달릴 수 있는 주행 거리는 여전히 엔진자동차나 수소자동차에 비해 짧습니다.

이는 휘발유나 수소보다 리튬이온전지의 에너지 밀도가 낮기 때문입니다. 산업계에서는 전기자동차용 리튬이온전지의 에너지 밀도 한계가 약 250Wh/kg이 될 것으로 예상하고 있습니다. 모델마다 혹은 주행하는 환경에 따라 다르지만 보통 전기자동차는 100킬로미터를 가려면 대략 10~23킬로와트시(kWh)의 전력량이 필요합니다. 평균 전력량인 16.5킬로와트시로 계산하면 500킬로미터를 주행하려면 약 330킬로그램의 리튬이온전지가 필요합니다. 소형 승용차 무게가 1톤 정도임을 감안하면 매우 많은 양의 리튬이온전지가 필요한 것이죠. 무게도 무게지만 가격도 만만치 않습니다.

그렇다면 전기자동차에 쓰이고 있는 리튬이온전지보다 에너지 밀도가 높은 전지는 없을까요? 있습니다. 이론적인 에너지 밀도가 리튬이온전지의 66배에 달하는 전지가 있습니다. 바로 금속공기전지인데요, 하지만 이론 용량이 실제로 구현되기는 쉽지 않습니다. 학계에서는 금속공기전지의 하나인 리튬공기전지가 기술적인 문제점을 극복하고 상용화된다면 리튬이온전지의 다섯 배에서 10배 정도의 용량을 확보할 수 있을 것으로 예상하고 있습니다. 물론 현실적으로는 아직 어렵지만 만약 이러한 예상이 적중한다면 약 33킬로그램의 금속공기전지만으로 500킬로미터를 달릴 수 있는 전기자동차를 구현할 수 있습니다.

금속공기전지는 수소를 연료로 촉매 반응을 이용해 전기를 생산하는 연료전지와 유사한 구조를 갖습니다. 대신 금속공기전지는 연료로 금속을 사용합니다. 연료란 산화되면서 에너지를 내놓는 물질을 뜻하기 때문에 금속도 연료가 될 수 있습니다. 겨울철에 많이 사용하는 핫팩도 나노입자의 철을 서서히 산화시켜 얻어낸 열을 이용하는 것이니까요. 사실 최초의 전지인 볼타전지부터 아연판을 연료처

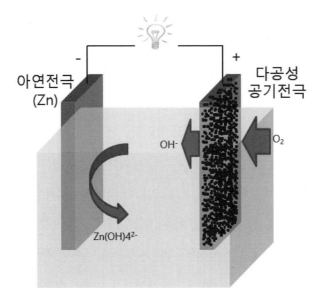

아연전극
(Zn)

다공성
공기전극

-          +

OH⁻   ← O₂

Zn(OH)4²⁻

공기 중의 산소를 이용하는 아연공기전지

럼 사용했습니다. 연료전지는 산화환원반응을 연소가 아닌 촉매로 일어나게 한 것이죠. 그래서 음극에서는 수소의 산화가 일어나고 양극에서는 공기 중에 있는 산소에 의한 환원반응이 일어납니다. 금속공기전지는 양극에서 일어나는 환원반응은 연료전지와 같지만 음극에서의 산화반응이 수소가 아닌 금속에 의해서 일어납니다.

금속공기전지 중 가장 먼저 개발된 형태는 아연금속을 사용한 아연공기전지입니다. 볼타전지에서도 아연과 구리를 사용했고, 망간전지에서도 아연과 망간을 사용했죠. 그만큼 아연은 전지에서 빼놓을 수 없는 금속입니다. 처음 아연공기전지의 개념을 확립한 사람은 망간전지를 개발한 르클랑쉐입니다. 르클랑쉐는 망간전지를 사용하던 중 전해액이 카본으로 형성된 양극의 절반을 적셨을 때가 카본전극 전체가 전해질에 담겨있을 때보다 전지 성능이 좋음을 알아냈는데, 이는 대기의 어떤 성분이 전지에 영향을 주어서라고 생각했습니다. 나중에 밝혀졌지만 이 대기의 어떤 성분은 바로 산소입니다. 산소가 양극에서의 환원반응을 보다 활발하게 해준 것이죠. 이후 카본에 백금 촉매를 섞어 산소에 의한 환원반응 속도를 높이고 파라핀 왁스를 소량 코팅하여 카본 전극이 전해질과 완전히 접촉하지 못하게 하여 성능을 향상시켰습니다. 1950년경, 미국의 내셔널 카본 컴퍼니National Carbon Company가 금속공기전지를 상용화해 보청기의 전원으로 사용되기 시작했습니다. 보청기에 사용하는 전지는 1차전지입니다. 충전해서 계속 사용할 수 없어 한 번 쓰고 버리죠. 하지만 금속공기전지의 에너지 밀도가 워낙 높아 오랫동안 전지 교체 없이 사용할 수 있게 되었습니다.

금속공기전지는 다른 전지와 마찬가지로 음극, 양극 전해질로 구성되는 전형적인 전기화학기기입니다. 음극에서는 산화반응이 일어나 전자를 내어주고, 양극에서는 환원반응이 일어나 전자를 받아들입니다. 음극으로 쓰이는 금속은 전자를 내어주고 이온화되려는 경향이 있는 금속이라면 무엇이든 괜찮습니다. 공기 중의 산소를 이용하기 때문에 전지의 무게를 크게 낮출 수 있어 에너지 밀도도 다른 전지에 비해 월등히 높습니다. 이론적으로는 아연공기전지가 1300Wh/

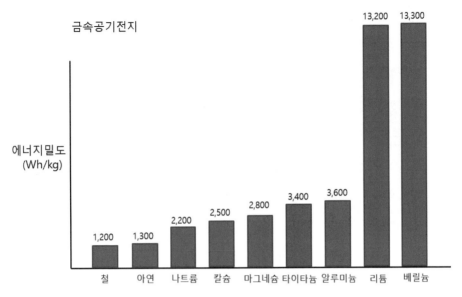

금속공기전지

에너지밀도
(Wh/kg)

13,200   13,300

3,600

3,400

2,800

2,500

2,200

1,200   1,300

철   아연   나트륨   칼슘   마그네슘   타이타늄   알루미늄   리튬   베릴륨

이론적인 금속공기전지의 금속별 단위 무게당 에너지 밀도

kg의 에너지 밀도를 갖고 리튬공기전기와 베릴늄공기전지는 각각
13200Wh/kg, 13300Wh/kg의 큰 에너지 밀도를 갖습니다.

또한 금속공기전지는 연료전지와 달리 아무것도 배출하지 않습니
다. 수소를 사용하는 연료전지는 수소와 산소가 결합하는 반응을 이
용해 이의 산물로 물을 배출하지만 금속공기전지는 금속이 산소와
만나 금속산화물이 되는 반응을 이용하기 때문에 아무것도 배출하지
않습니다. 이런 특성 때문에 보청기에도 사용하는 것이죠.

금속공기전지는 1차전지 뿐만 아니라 2차전지로도 개발이 가능합
니다. 앞에서도 설명했지만 2차전지는 충전해서 또 사용이 가능한 전

지입니다. 특이하게도 금속공기전지를 충전하는 방식은 두 가지입니다. 하나는 리튬이온전지처럼 다 쓴 후 전력을 가하여 금속을 다시 환원시켜서 사용하는 방식인데요, 충전할 때 아연금속 표면에 곁가지처럼 금속이 형성되는 덴드라이트 효과, 아연 금속이 고르지 않게 전해질에 녹아들어 가는 현상, 전해질 내에 충분히 녹아들어 가지 못하는 현상 등의 문제로 아직까지 2차전지용 아연금속전지는 상용화되지 못하고 있습니다. 수차례 충·방전하면서 금속 표면에 나무 곁가지 모양의 덴드라이트가 형성되면 이것이 점점 성장하여 음극과 양극이 만나는 단락이 일어납니다. 분리되어 있어야 할 음극과 양극이 만나서 전지가 고장 나는 것이죠. 또한 양극에서 산소가 환원될 때 산소 음이온 라디칼superoxide(O_2^-)이 형성될 수도 있는데, 이는 반응성이 커서 여러 가지 부반응을 일으킵니다.

최근에는 이러한 문제점들을 개선하고 산소를 투과하는 다공성 공기극의 촉매 성능을 향상시킨 아연공기전지의 경우 충·방전 효율이 상당히 개선되어 조만간 자동차용으로도 적용될 수 있지 않을까 조심스럽게 예측해봅니다.

또 하나는 금속을 통째로 교환하는 방식입니다. 금속공기전지의 경우 금속의 자발적인 산화반응을 이용하여 전력을 생산하기 때문에 금속이 모두 산화되면 더 이상 사용할 수 없는 구조인데, 산화된 금속을 다시 새로운 금속으로 교체해주면 계속 사용할 수 있습니다. 금속도 일종의 연료니까 연료를 다시 채워주는 것이죠. 이 방식은 상당히 획기적이어서 전기자동차의 충전 시간을 주유소에서 휘발유 주입하는 시간 정도로 단축할 수도 있습니다.

이처럼 금속공기전지는 여러 가지 측면에서 아주 매력적인 전화기입니다. 가까운 시일 내에 기술적인 난제들을 극복하고 상용화되어 널리 쓰이기를 기대해봅니다.

대규모 전력 저장을 가능케 하는 레독스흐름전지

앞서 설명한 것처럼 전기화학기기는 산화환원반응을 이용하는 기기입니다. 지구상에 있는 수많은 물질은 산소와 반응하거나 이미 반응하여 안정적인 상태로 존재합니다. 산소와 반응하는 것이 자발적인 반응인 경우가 대부분이라는 말이죠. 우리는 에너지를 필요로 할 때 이 자발적 반응을 이용합니다. 급격히 빠른 반응을 이용하기도 하고 천천히 진행되는 반응을 이용하기도 합니다.

급격하게 빠른 산화반응은 대부분 연료를 태우는 것인데, 이렇게 에너지를 얻으면 불꽃이 생기고 열손실이 발생합니다. 또한 고온에서 다양한 부반응이 발생하여 대기를 오염시킵니다. 에너지를 효과적으로 사용하는 것이 아니죠. 열손실은 앞에서도 이야기했지만 열섬효과나 지구 온난화와도 상관이 있습니다. 인류가 계속해서 잘 생존하려면 꼭 줄여야 하는 것들입니다.

천천히 진행되는 반응의 대표적인 것으로는 인간을 포함한 동물의 호흡이 있습니다. 동물은 필요한 에너지를 유기물을 섭취해서 얻는데, 이 유기물을 이용하여 에너지를 얻을 때 공기 중의 산소를 피를 통해 공급받아 산화시킵니다. 천천히 진행되기 때문에 불꽃이 발생하지 않지만 동물이 필요로 하는 열과 에너지를 얻기에는 충분합니다. 공기 중에 노출된 철도 천천히 산화됩니다. 산화되면서 열을 방출하지만 반응이 느려서 열이 방출되는 것을 느끼지 못합니다. 그런데 철을 나노입자로 만들면 표면적이 넓어서 산화반응이 더 빨리 일어납니다. 그러면 우리가 느낄 수 있을 만큼 충분한 열에너지가 방출되죠. 이러한 산화반응은 대기를 오염시킬 확률이나 열손실이 적습니다. 에너지를 보다 효과적으로 사용하는 방법이죠.

연소에 의한 산화가 아닌 전기화학적인 산화반응을 이용하는 전기화학기기는 대부분 산화반응의 속도를 조절할 수 있습니다. 따라서 에너지를 효율적으로 사용하기에 적합한 구조입니다. 앞서 보았듯이 연료전지는 수소의 산화반응을 이용해서 전기를 얻어내고, 금속공기전지는 금속의 산화반응을 이용하여 전기를 얻습니다. 이 두 전지는 필요할 때 필요한 곳에서 바로 쓸 수 있기 때문에 에너지 효율 측면에서도 매우 이상적입니다. 하지만 연료전지는 수소라는 연료가 필요하고, 금속공기전지는 금속이라는 연료가 필요합니다.

연료 없이도 전기를 생산하는 방법이 있습니다. 태양전지가 그중 하나입니다. 태양전지 이외에도 태양열 발전기(태양열을 집광시켜 터빈을 돌려서 발전하는 방식으로 우리나라에는 거의 없지만 미국이나 스페인 등 외국에는 꽤 있습니다), 풍력 발전기 등으로 연료 없이 전기를 생산할 수 있습니다. 그런데 이러한 발전 방법은 우리가 원할 때 전기를 바로 쓰기에는 무리가 있어 지금은 태양전지나 풍력 발전기 등에서 생산한 전기를 전력선에 연결하여 한전으로 보내고 이를 다시 필요할 때 송전받아 사용하고 있습니다.

그런데 태양전지나 풍력 발전기에서 생산한 전기는 직류인데, 전력선에 연결해서 한전에 보내려면 교류로 변환해야 합니다. 교류로 변환하려면 인버터가 필요하고, 여기서 전력 손실이 필연적으로 발생합니다. 또 우리가 사용하는 전자기기들은 대부분 직류 전원을 사용하니 다시 교류를 직류로 변환해서 사용해야 합니다. 여기서도 에너지 손실이 만만치 않죠. 그렇다면 태양전지나 풍력 발전기가 생산한 대규모의 전력을 저장할 수 있는 장치는 없을까요?

있습니다. 전화기의 한 종류인 레독스흐름전지가 이에 적합한 저장장치입니다. 어찌 보면 전기화학기기는 에너지 측면에서 마법사와 같은 존재입니다. 필요한 것은 다 만들 수 있으니까요. 레독스흐름전지는 에너지 밀도가 좋지 않아 아직까지는 자동차나 휴대기기에 사용하기가 어렵지만 제조 비용이 높지 않아 대형으로 만들면 전력저

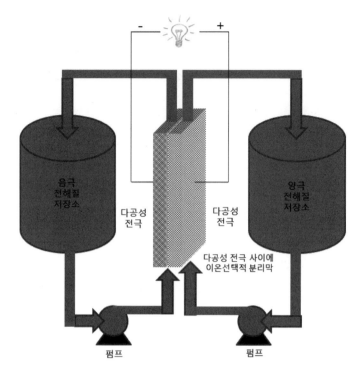

레독스흐름전지의 구조

장소로 쓸 수 있습니다.

레독스흐름전지는 기존의 음극, 양극, 전해질로 구성된 전기화학
기기와는 약간 다른 모습을 하고 있습니다. 기본적인 구조와 작동 방
식은 전기화학기기이지만 산화되면서 전자를 줄 수 있는 물질을 포
함하는 음극 전해질과 환원되면서 전자를 받을 수 있는 물질을 포함
하는 양극전해질을 각각 나누어 저장하고 이를 이온선택적 분리막으
로 분리해 놓았습니다. 이온선택적 분리막은 특정 이온만을 통과시

키는 분리막으로 보통 고분자 필름으로 만듭니다.

기본적으로 전지는 음극과 양극에 전하를 저장할 수 있는 물질을 넣어 전력을 저장하는데, 레독스흐름전지는 전하를 저장할 수 있는 물질을 전해질에 녹였습니다. 산화환원전위(어떤 물질이 산화되거나 환원되려는 경향의 세기)가 다른 두 물질을 각각 저장해놓고 이 두 물질이 선택적 분리막을 통해 만나면 산화환원반응이 일어나 전력이 생기는 구조인 것이죠. 바나듐을 산화환원물질로 사용하는 바나듐레독스흐름전지를 예로 들면 음극 전해질에는 바나듐 2가 이온(V_2^+)이 녹아 있고 양극 전해질에는 이산화바나듐 양이온(VO_2^+)이 녹아 있습니다. 우리가 바나듐레독스전지에서 전기를 뽑아 사용하면 음극에서는 바나듐 2가 이온이 바나듐 3가 이온(V_3^+)으로 산화되면서 전자를 내어줍니다. 내어준 전자는 외부 회로를 통해 일을 하고 다공성 양극으로 와서 양극 전해질에 녹아 있는 이산화바나듐 양이온을 일산화바나듐 2가 이온으로 환원시킵니다. 바나듐만을 기준으로 하면 5+에서 4+로 환원되는 것이죠. 충전 시에는 정확히 반대 반응이 일어납니다. 음극에서는 바나듐 3가 이온이 바나듐 2가 이온으로 환원되고, 양극에서는 일산화바나듐 2가 이온이 이산화바나듐 양이온으로 산화됩니다. 바나듐 2가 이온과 3가 이온 간의 산화환원전위와 바나듐 4가 이온과 5가 이온 간의 산화환원전위 사이에 차이가 있기 때문에 이 차이만큼의 전위차가 생겨 전지가 되는 것입니다.

이외에도 나사에서 개발한 철과 크롬을 사용한 레독스흐름전지가 있습니다. 원리는 바나듐을 적용한 레독스흐름전지와 같으며, 산화환원물질만 바나듐에서 철과 크롬으로 바꾸었습니다.

최근 독일의 에이베이 가스 스파이서Ewe Gas Speicher라는 회사가 레독스흐름전지를 건설하겠다고 발표했습니다. 규모가 얼마나 큰지 전지를 만드는데 '건설'이라는 단어를 썼습니다. 이전에 천연가스를 저장하던 암염동굴을 이용하여 700메가와트시MWh의 전력을 저장할 수 있는 장치를 계획하고 있는데, 휴대전화용 리튬이온전지가 (기종마다 다르기는 하지만) 보통 8와트시 정도의 전력을 저장할 수 있음을 감안하면 휴대전화용 리튬이온전지 약 9천만 개 정도가 저장할 수 있는 양의 전력을 저장하는 셈이니 그 규모가 정말 어마어마합니다. 쉽게 말해 우리나라 인구 전체가 가진 휴대전화의 전력을 모두 합친 것보다도 더 큰 규모의 저장 시스템을 한 곳에 만드는 것입니다.

독일에서는 왜 이렇게 거대한 전력 저장 시스템을 계획하고 있을까요? 앞에서 말했듯이 독일은 실질적으로 재생에너지 경제에 돌입한 세계 최초의 국가입니다. 물론 신재생에너지 비중이 100퍼센트인 아이슬란드와 90퍼센트 이상인 노르웨이, 80퍼센트 이상인 뉴질랜드 등의 국가도 있지만 이들 국가는 대부분 지진대에 위치해 있어 지표 가까운 곳에 높은 온도의 지하수를 가지고 있기 때문에 제외해야 합니다. 전 세계 나라 대부분이 화석에너지를 사용하고 있기에 현 시대는 석유경제 시대라고 불립니다. 석유가 에너지의 근간이자 경제의 기반이기 때문에 석유경제라고 일컫는 것이죠. 그런데 독일은 일시적이기는 하지만 전국의 전기 에너지 소비량을 전부 재생에너지로 공급할 수 있는 국가입니다. 2300기가 넘는 풍력발전기와 140만개의 태양광발전 시스템이 전국에 설치되어 있습니다. 2018년 기준으로 전체 전기에너지의 40퍼센트 가까이를 재생에너지에서 생산 공급했습니다. 우리나라의 경우 2018년 기준으로 6퍼센트가 조금 넘는 걸 감안하면 매우 높은 수치입니다.

그런데 앞서 본 것처럼 풍력이나 태양광 등의 재생에너지는 우리가 원하는 때에 발전을 하는 것이 아니라 바람이 불거나 태양빛이 강할 때 발전을 할 수밖에 없다는 치명적인 단점이 있습니다. 바람이 많이 분다고 무조건 전기를 많이 쓸 수 없고, 태양빛이 강하다고 전기를 더 쓸 이유도 없습니다. 그런데 태양전지나 풍력 발전기에서 전력을 과하게 생산하면 전력계통(많은 발전소, 변전소, 송배전선 및 부하가 일체로 되어 전력의 발생 및 이용이 이루어지는 시스템)에 문제가 생깁니다. 보통 태양광 발전기와 풍력 발전기에서 생산한 전기는 전력계통에 연계하여 소비하는 곳으로 보내지는데, 과도한 전력이 한꺼번에 생산되면 전력계통에 부하가 걸려서 문제가 됩니다. 몇 년 전, 우리나라에서 전력이 모자라서 일시적으로 모든 전기의 공급을 중단하는 블랙아웃이 일어난 적이 있었습니다. 그런데 독일에서는 거꾸로 재생에너지로 생산된 전력이 너무 많아서 블랙아웃이 일어났습니다. 이러한 문제점을 해결해주는 것이 대용량 전력 저장 시스템이고, 이에 적합한 전기화학기기가 바로 레독스흐름전지죠. 이것이 독일에서 거대한 규모의 레독스흐름전지를 건설하고 있는 이유입니다.

　한편 중국에서는 이보다 더 큰 규모의 레독스흐름전지를 건설 중에 있습니다. 현재까지 알려진 바로는 세계 최대 규모인 800메가와트시급의 레독스흐름전지를 랴오닝에 건설하고 있다고 합니다. 중국은 갑작스러운 성장 때문에 대기오염이 심각해져 어려움을 겪고 있습니다. 우리나라에 영향을 미치는 미세먼지도 일부가 중국에서 오는 것으로 알려져 있죠. 중국정부는 대기오염을 줄이기 위해 전기차 산업에 대규모 투자를 했습니다. 그 결과 중국은 최근 세계 최대 규모의 전기차 시장으로 급부상했습니다. 세계 최대 규모의 레독스흐름전지를 건설하고 있는 상황도 이와 무관하지 않습니다. 안정적으로 전력을 공급하려면 신재생에너지와 같은 다양한 전력 생산 수단이 필요하고, 전력 생산이 날씨와 외부 환경에 영향을 받는 신재생에너지의 특성상 대규모의 전력 저장 수단이 필요하니까요.

출력 특성이 좋은 슈퍼 캐퍼시터

전기자동차가 시장을 확보하게 된 데는 엔진자동차보다 뛰어난 가속력이 한몫했습니다. 그런데 앞에서도 보았듯이 전기자동차에 적용되는 리튬이온전지는 충·방전 속도가 느립니다. 휴대전화에도 리튬이온전지가 적용되어 있어 소비자 대부분은 리튬이온전지의 충전 속도가 느리다는 것을 경험을 통해 알고 있습니다. 배터리가 전부 닳았는데 충전이 오래 걸려 불편함을 겪은 적이 다들 한 번쯤은 있으니까요. 가역적인 반응에서 충전에 시간이 많이 걸리면 방전에도 시간이 많이 걸리는 법입니다. 방전에 시간이 많이 걸린다는 말은 무슨 의미일까요? 리튬이온전지에 충분히 많은 전력이 저장되어 있어도 급히 쓸 수 없다는 의미입니다. 말하자면 기름병과 같죠. 기름병에 기름이 충분히 많아도 구멍을 작게 뚫어 놓으면 기름이 천천히 나옵니다. 리튬이온전지는 층간 물질에 리튬이온이 삽입되어 있어 전력을 저장하는데, 층간 물질에서 리튬이온이 빠져 나오는 데 시간이 걸립니다. 연구개발이 진척되어 전보다는 빨리 빠져나오게 되었지만 충분히 빠르게 만들기는 쉽지 않습니다. 휴대전화는 갑자기 많은 전력을 사용할 일이 별로 없기 때문에 이것이 문제가 될 일이 거의 없는데, 전기자동차의 경우 문제가 되는 경우가 꽤 있습니다. 가만히 서 있다가 빨리 움직여야 하거나 고속도로에 진입하는 등 급가속이 필요한 때가 대표적입니다. 전기자동차에서는 방전 속도를 출력 속도라고도 하는데, 급가속을 할 때 출력 속도가 따라가지 못하면 원하는 만큼 가속이 되지 않습니다. 고속도로에 진입하려면 다른 차들과 속도를 맞춰야 하는데 빠르게 가속하지 못하면 위험해질 수 있죠.

이 문제를 해결할 수 있는 전기화학기기가 바로 슈퍼 캐퍼시터입니다. 슈퍼 캐퍼시터는 리튬이온전지만큼 많은 양의 전력을 저장할 수는 없지만 전력을 더 빨리 저장하고 사용할 수 있습니다. 그래서 대부분의 전기자동차와 하이브리드 자동차에는 배터리와 함께 슈퍼 캐퍼시터가 장착되어 있습니다. 평상시에는 리튬이온전지로 충전을 해 두었다가 급가속이 필요한 경우 슈퍼 캐퍼시터를 이용해 빠르게 모터에 전력을 공급하는 것입니다. 그러면 슈퍼 캐퍼시터가 빠르게 방전되면서 자동차는 급가속을 할 수 있죠. 급가속을 한 후에 다시 평상시 상태로 돌아가면 다시 리튬이온전지로 슈퍼 캐퍼시터를 충전하여 언제 필요할지 모를 급가속에 대비합니다.

그럼 슈퍼 캐퍼시터는 어떤 원리로 이렇게 빠른 충·방전이 가능할 까요? 슈퍼 캐퍼시터의 원리를 설명하기 전에 캐퍼시터의 원리부터 알아야 합니다. 캐퍼시터는 '콘덴서'라고도 불리며 보통 원통형 혹은 납작한 원형에 다리가 두 개 달린 모양입니다. 대부분 두 개의 전도성 기판(대개 금속판입니다)과 그 사이에 끼어 있는 유전체(절연체이지만 전기 장을 가하면 극성을 띠는 물질)로 구성되어 있습니다. 캐퍼시터에 직류 전기를 걸면(전기장을 걸면) 유전체는 걸리는 반대 반향으로 극성을 띱니다. +극 쪽에는 -극성을 띠고, -극 쪽에는 +극성을 띠는 것이죠. 이때 극성은 띠지만 전하가 이동하지는 못하기 때문에 전류가 흐르는 것을 막고 극성을 띠는 만큼 걸리는 전기장의 전위차를 감소시키며 감소된 전위차만큼 전력을 저장합니다. 말이 좀 복잡한데, 간단하게 직류 전기를 걸면 조금이지만 전력을 저장할 수 있는 장치라고 생각하면 됩니다. 저장할 수 있는 전력은 두 개의 전도성 기판의 면적에 비례해 넓은 전도성 기판을 사용하면 더 많은 전력을 저장할 수 있습니다.

슈퍼 캐퍼시터는 캐퍼시터의 저장 용량 한계를 극복하고자 정전 방식을 그대로 사용하면서 탄소물질을 적용하고 전해질에 이온성 액체 등을 적용하여 저장 성능을 높인 전기적이중층 캐퍼시터Electrical Double Layer Capacitor와 전도성 고분자나 금속 산화물을 적용하여 전기 화학적 산화환원반응을 일부 적용한 슈도 캐퍼시터Pseudo capacitor 그리고 이중층 캐퍼시터와 슈도 캐퍼시터를 복합화한 하이브리드 캐퍼시터Hybrid Capacitor가 있습니다.

전기적이중층 캐퍼시터는 전기를 저장하는 정전층을 하나에서 두 개로 늘리고 동시에 표면적이 매우 넓은 카본 물질, 예를 들어 활성탄소Activated Carbon, 그라펜Graphene, 카본나노튜브Carbon Nano Tube 등을 적용하여 용량을 늘린 슈퍼 캐퍼시터입니다. 슈도 캐퍼시터는 전지와 캐퍼시터의 중간 형태라 할 수 있습니다. 정전 방식만으로는 저장할 수 있는 용량을 크게 늘리기 어려워 전지의 전극물질처럼 산화환원반응에 참여할 수 있는 전도성 고분자나 금속 산화물을 전극에 적용하여 용량을 키웠습니다. 하이브리드 캐퍼시터는 말 그대로 두 가

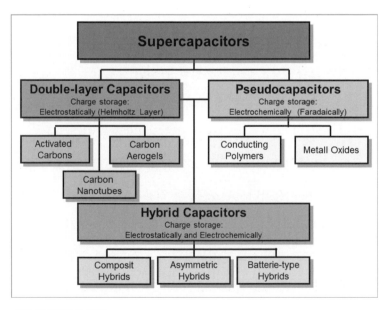

슈퍼 캐퍼시터의 종류

지 타입의 캐퍼시터를 복합화한 것입니다. 즉 전기적이중층 캐퍼시터의 특성과 슈도 캐퍼시터의 특성을 모두 가지고 있는 슈퍼 캐퍼시터로 최근 가장 많이 연구되고 있는 형태입니다.

슈퍼 캐퍼시터의 또 다른 특징은 수명이 길다는 것입니다. 전지의 경우 전극물질이 산화환원반응에 참여하다 보니 계속해서 사용하면 조금씩 용량이 줄어들고, 나중에는 망가집니다. 하지만 슈퍼 캐퍼시터는 정전 방식을 주로 이용해 충전하면 전하가 모이고 방전하면 전하가 흩어집니다. 이렇게 모였다 흩어졌다를 반복해도 전극물질이나 전해질에 큰 문제가 생기지 않습니다. 그래서 수명이 깁니다. 전지보다 월등히요.

이렇게 오랫동안 고장 없이 사용할 수 있기 때문에 서울 지하철에는 이미 슈퍼 캐퍼시터가 적용되었습니다. 태양광 발전에도 인버터가 필요한데, 인버터 안에 필연적으로 캐퍼시터가 들어갑니다. 지금은 보통 전해 캐퍼시터Electrolytic Capacitor(전해 콘덴서라고도 합니다)를 사용하고 있는데, 슈퍼 캐퍼시터를 적용한 제품들이 점점 나오고 있습니다. 전해 캐퍼시터보다 저장 용량이 크고 수명이 길기 때문입니다.

슈퍼 캐퍼시터는 가격이 전해 캐퍼시터에 비해 상당히 높기 때문에 현재까지는 많은 제품에 적용되지 못하고 있지만 점차 시장이 넓어질듯합니다. 특히 충·방전 시간이 오래 걸리는 배터리와 함께 쓰이기 좋은 특성을 가지고 있으므로 미래에는 지속적으로 쓰임새가 많아질 것입니다.

마치며

한국에서도 유명한 미국 드라마 <프렌즈Friends>에 등장하는 여섯 명의 주인공 중 자유로운 영혼을 가진 피비Phoebe Buffay-Hannigan라는 친구가 있습니다. 피비는 주인공들이 자주 모이는 센트럴 퍽Central Perk이라는 카페에서 기타를 치고 노래를 부릅니다. 피비가 부르는 노래 중에 '냄새나는 고양이smelly cat'라는 노래가 있는데, "smelly cat, smelly cat, what are they feeding you"라는 가사가 나옵니다. 우리말로 하면 "도대체 사람들이 너에게 무엇을 먹이길래 이렇게 냄새가 나니, 고양이야"쯤 됩니다. 먹는 음식에 따라서 악취가 날 수도 있고, 향기가 날 수도 있다는 말이죠.

사람도 마찬가지입니다. 고기를 많이 먹으면 몸에서 고기 누린내가 나고 카레를 많이 먹으면 카레 냄새가 나며 향신료를 많이 먹으면 그 향신료 냄새가 납니다. 커피를 많이 마시면 커피향이 나고, 술을 마시거나 담배를 피우면 술이나 담배 냄새가 납니다. 무엇을 먹느냐가 사람의 몸에 지대한 영향을 미치는 것이죠. 이 냄새를 어떤 경우에는 향기라고 표현하지만 어떤 경우에는 악취라고 합니다. 아무래도 악취가 나서는 안 되겠죠?

인류 전체로 보면 어떤 에너지를 사용하느냐가 인류에게서 어떤 냄새가 나느냐를 결정한다고 볼 수 있습니다. 인류가 나무를 연료로 땔 때는 나무 그을린 냄새가 났습니다. 석탄을 때면 먼지와 함께 매캐한 냄새가 났습니다. 석유도 마찬가지죠. 휘발유나 경유를 때는 엔진 자동차 뒤에서는 미세먼지와 함께 휘발유 냄새, 경유 냄새, 질소산화물 냄새, 황산화물 냄새 등 다양한 냄새가 납니다. 이러한 냄새는 공기 오염의 주범입니다. 하늘을 뿌옇게 만들고, 공기 중에 몸에 해로운 물질로 남아 사람에게 영향을 미칩니다. 비가 내리면 그 속에 녹아 산성비를 만들죠. 산성비는 인체에도 유해하지만 건물이나 자동차의 수명도 단축시킵니다. 하얗게 눈이 내린 날, 그 위로 자동차가 몇 번 지나가면 하얗고 예쁘던 눈 위로 시커먼 먼지가 쌓입니다. 자동차에서 나오는 먼지가 눈으로 보이는 순간입니다. 항상 그렇게 많은 먼지가 나오는데 평상시에는 잘 인식하지 못할 뿐이죠. 이렇게 더러워진 눈덩이는 블랙 아이스가 되어 운전자들의 안전 운행을 방해하기도 합니다.

우리는 화석에너지(석탄, 석유, 천연가스, 쉐일오일, 쉐일가스 등)를 사용하며 생활의 편리함을 얻고 다양한 물자를 싸게 살 수 있게 되었지만 대신 깨끗한 공기를 포기해야 했습니다. 그런데 더 큰 문제는 아무 냄새도 없는 이산화탄소가 배출되며 지구의 온도를 높이기 시작해 빙하가 녹고 이상기후가 발생하기 시작했다는 것입니다. 환경학자들은 계속해서 지구의 온도가 올라가면 인류가 더 이상 존재할 수 없을지도 모른다고 경고합니다. 그럼에도 미국은 자국 우선주의라는 슬로건 아래 더 많은 쉐일오일과 가스를 채굴하려 합니다. 쉐일오일은 간단하게 지표층에 있는 석유라고 생각하면 됩니다. 지표층은 퇴적층의 한 부분으로 모래나 자갈로 구성되어 있습니다. 더 깊이 들어가면 암반층이 있습니다. 지표층에서 뽑아 올린 물은 지장수, 암반층에서 뽑아 올린 물은 암반수라고 부르는데, 물과 마찬가지로 원유도 지표층과 암반층 모두에 저장되어 있습니다. 현재까지 뽑아 올린 원유 대부분은 암반층에 퇴적되어 있던 것입니다. 그런데 최근 기술의 발달로 지표층에 있는 원유도 뽑아 올릴 수 있게 되었습니다. 이 지표층에서 뽑아 올린 천연가스를 쉐일가스, 지표층에서 뽑아 올린 원유를 쉐일오일이라고 합니다.

미국은 원유 생산량이 적지 않음에도 전 세계의 석유를 30퍼센트나 소비하는 세계 최대 석유 소비국이자 원유 수입국이었습니다. 쉐일오일 및 가스를 더 많이 채굴하려는 미국의 행동에는 외국산 석유에 의존하지 않고 에너지 자립국이 되려는 의지가 깔려있습니다. 또한 더 나아가 스윙 프로듀서(세계 에너지 시장에서 자체적으로 원유 생산량을 조절해 전체 수급에 영향을 미칠 수 있는 산유국)로서의 역할을 하려고 계획하고 있습니다.

한 번 냄새가 배면 지우기 어렵듯이 지구가 한 번 오염되기 시작하면 걷잡을 수 없을 수도 있습니다. 아직은 안전하다고 생각되는 지금이 변화를 가져와야 할 시기인지도 모릅니다. 테슬라의 회장 엘론 머스크의 말처럼 지구에 안주하다가는 멸망할 수도 있습니다. 거창하게 화성을 식민지로 삼으려는 시도가 아니더라도 지금 당장 할 수 있는 일들이 있습니다. 화석에너지 사용을 줄이고 재생에너지 사용을 늘리며 에너지를 효율적으로 생산하고 소비하는 일 등이 그것이죠. 그리고 그 중심에는 전화기(전기화학기기)가 있습니다.

미래의 주 에너지가 전기가 될지, 수소가 될지, 특정 금속이 될지는 아무도 모릅니다. 다만 화석에너지가 아닌 새로운, 친환경적인 에너지가 나올 확률은 매우 높다고 할 수 있습니다. 그리고 전기에너지 시대가 오든 수소에너지 시대가 오든 보다 많은 전화기가 사용될 것으로 예상됩니다. 전기를 저장하는 리튬전지, 햇빛으로 전기를 생산하는 염료감응 태양전지, 햇빛을 받으면 수소를 생산하는 광전기화학전지, 수소로 전기를 생산하는 연료전지, 금속의 산화반응을 이용하여 전력을 생산하는 금속공기전지 등의 전화기가 다가오는 청정에너지 시대의 주역이 될 수 있도록 보다 많은 연구가 진행되어야 할 것입니다.

지금까지 전기화학이라는 학문은 화학의 한 분야로 취급되어 왔습니다. 하지만 앞으로는 전기공학, 화학공학, 기계공학 등 공과대학의 주 학문 중 하나로 전기화학공학이 들어가지 않을까 싶습니다. 에너지의 변화가 전기화학공학을 필요로 하기 때문이고, 또 전기화학공학이 새롭고 다양한 전화기 개발의 초석이 될 수도 있으니까요.

변화가 필요한 시기입니다. 그리고 새로운 학문이 필요한 시기이기도 합니다. 아무쪼록 인류가 좋은 쪽으로 변화하여 오랫동안 밝은 미래를 후손에게 물려줄 수 있기를 바랍니다.

후기

인류는 경이롭습니다. 진화에 의해 인류가 생겨났다는 진화론이 믿기지 않을 만큼 경이롭습니다. 태초에 사과만한 물질 덩어리가 빅뱅 때문에 팽창을 시작하고 우주가 생겨났다는 것만큼이나 인류의 존재 자체가 믿기지 않죠. 미생물 덩어리가 진화하고 또 진화해서 인류가 되었다는 것을 어찌 믿을 수 있을까요? 더욱 경이로운 것은 인류가 자신들이 상상하던 세상을 현실로 이룬다는 것입니다. 자동차가 스스로 운전을 하고 스마트폰이 내 말을 알아들으며 로봇들이 자동으로 제품을 생산하고 있습니다. 이러한 일들은 30년 전만 해도 말 그대로 상상속의 일이었죠.

그렇다면 과학기술자들이 이런 일들을 가능하게 했을까요? 물론 과학기술자들의 노력을 인정하지 않을 수 없지만, 그들만의 노력이라고 하기에는 부족함을 느낍니다. 오히려 이런 일들을 일찌감치 상상한 공상가의 공이 더 커 보이는 것은 왜일까요?

그리스 신화에 나오는 뛰어난 건축가이며 조각가이자 발명가인 다이달로스가 새의 깃털과 밀랍으로 날개를 만들어 붙이고 자신의 아들 이카로스와 함께 하늘로 날아오르고, 하늘을 나는 것이 너무 신기하여 높이높이 날아오르던 이카로스가 결국 태양열 때문에 밀랍이 녹아내리면서 땅에 떨어져 죽는다는 이야기는 많은 사람들이 알고 있죠. 고대 그리스 사람들에게는 아주 오래전부터 하늘을 날고 싶다는 꿈이 있었던 것입니다.

그 후 라이트 형제 및 수많은 과학기술자들의 공헌 덕분에 하늘을 나는 일이 실현되었습니다. 이제는 비행기가 개발되어 아주 먼 나라를 하루 만에 갈 수도 있고, 드론 택시가 개발되어 가까운 미래에 서비스를 시작할 것이라는 기사도 보도되고 있습니다. 과연 라이트형제가 없었다면 비행기가 개발되지 않았을까요? 결코 그렇지 않았을 것입니다. 또 다른 누군가가 발명했겠죠. 인류에게 하늘을 날고 싶어 하는 꿈이 있는 한, 시간이 문제였을 뿐 언젠가는 실현될 일이었다고 생각합니다.

앞으로 인류는 어떤 꿈을 꿀까요? 어떤 사회를 만들고 싶어 할까요? 수많은 사람들이 미래가 유토피아가 될지 디스토피아가 될지 궁금해합니다. 실상은 유토피아도 아니고 디스토피아도 아닌 그 중간 정도의 사회가 구현될 확률이 가장 높죠. 지금까지처럼 하지 못하는 일들을 할 수 있으리라 꿈꾸면서······.

과학기술의 진보는 인류의 상상력을 현실화하는 도구일 뿐입니다. 어떠한 꿈을 꾸는지가 어떤 기술이 개발되는지 보다 중요하죠. 여러분은 미래에 어떤 세상에서 살고 싶은가요? 어떤 세상을 꿈꾸나요? 많은 사람들이 같이 상상하면 그것은 꿈이 아니라 현실이 된다는 어느 카피라이터의 문구에 매우 공감합니다. 그리고 우리에게 그리고 우리 다음 세대에게 꼭 필요한 것은 수학이나 과학적 지식보다 상상력이 아닐까 생각합니다. 과학기술의 진보는 여러 사람들의 상상을 실현하려고 노력한 산물일 뿐입니다.

우리가 상상한 대로 세상이 발전한다면 보다 나은 환경에서 살 수 있는 미래를 상상해야 하지 않을까요? 부정적인 생각을 하나씩 지우고 좋은 미래를 꿈꾼다면 우리에게 다가올 미래는 디스토피아보다는 유토피아에 가까운 세상이 되지 않을까 생각해 봅니다.

부록

이공계 전공 학생을 위한 기본 개념

전도체의 일함수

일함수는 진공 상태에서 전도성 물체로부터 하나의 전자를 떼어내는 데 얼마나 큰 에너지가 필요한지를 수치로 나타낸 함수입니다. 단위는 전자볼트입니다. 1전자볼트는 전자 한 개가 1볼트의 전위차를 이동할 때 필요한 에너지입니다.

그런데 일함수를 그래프로 나타내면 대개는 이 장의 마지막에 있는 그림처럼 위를 낮은 수치, 밑을 높은 수치로 표시합니다. 일반적인 그래프는 위가 높은 수치이고 아래가 낮은 수치인데 일함수 그래프는 x축이 반대로 되어 있어 위가 낮은 수치이고 아래가 높은 수치인 것이죠. 왜 그럴까요? 전자의 입장에서 일함수가 낮으면 에너지 상태가 높은 상태이기 때문입니다. 이는 전자가 마이너스 값을 가져서 나타나는 현상입니다. 건전지를 예로 들면 건전지에 +와 -극이 있으면 전류는 + 전극에서 - 전극으로 흐릅니다. 하지만 실제로는 전자가 -극에서 +극으로 흐르는 것이죠. 전자의 입장에서 보면 -극의 에너지가 +극의 에너지보다 높은 상태입니다. 그래서 에너지가 높은 상태의 -극에서 에너지가 낮은 상태의 +극으로 이동하는 것이죠. 보통 전기화학은 전자의 입장에서 보는 것이 일반적입니다. 그래서 그래프가 마치 거꾸로 된 것처럼 느껴질 수 있습니다.

전기화학을 보다 쉽게 이해하려면 전자의 입장에서 보는 시각을 가져야 합니다. 그래프를 보면 바륨, 나트륨, 칼륨 등은 일함수가 매우 낮습니다. 그래프 상으로 매우 높은 위치에 있는 것이지요. 이런 물질들은 진공 상태에서 전자를 떼어내는 데 에너지가 많이 필요하지 않습니다. 다시 말하면 이런 금속들은 전자를 가지고 있기 싫어하는 것이지요. 얼마나 싫어하냐면 공기 중에서는 전자를 받을 수 있는 산소 기체와 격렬하게 반응하여 산화됩니다. 공기 중에서는 금속으로 존재할 수 없는 물질인 것이죠. 따라서 일함수가 적은, 즉 그래프 상으로 높은 위치에 있는 금속은 반응성이 큰 물질이라고 생각하면 됩니다.

반대로 일함수가 낮은 물질은 반응성이 거의 없는 물질이죠. 그래프를 보면 백금, 금, 카본 등이 여기에 속하는데, 대체로 귀금속입니다. 이런 물질들은 공기 중에서도 산소와 반응하지 않습니다. 안정적인 물질이죠.

전지를 형성할 때는 전자의 입장에서 에너지가 높은 물질을 음극, 에너지가 낮은 안정적인 물질을 양극으로 사용합니다. 그래서 바륨, 나트륨, 칼륨, 리튬, 칼슘 등을 음극으로 사용하면 매우 높은 전압을 얻을 수 있습니다. 이 중 리튬을 음극으로 사용한 전지는 리튬전지, 리튬이온전지, 리튬폴리머전지 등의 이름으로 상용화되었습니다.

은(Ag)	4.52 – 4.74	아연(Zn)	3.63 – 4.90
바륨(Ba)	2.52 – 2.7	코발트(Co)	5
카드뮴(Cd)	4.08	철(Fe)	4.67 – 4.81
구리(Cu)	4.53 – 5.10	금(Au)	5.1 – 5.47
알루미늄(Al)	4.06 – 4.26	카(C)	~ 5
란타늄(La)	3.5	백금(Pt)	5.12 – 5.93
몰리브데늄(Mo)	4.36 – 4.95	주석(Sn)	4.42
리튬(Li)	2.93	칼슘(Ca)	2.87
나트륨(Na)	2.36	망간(Mn)	4.1
실리콘(Si)	4.60 – 4.85	칼륨(K)	2.29

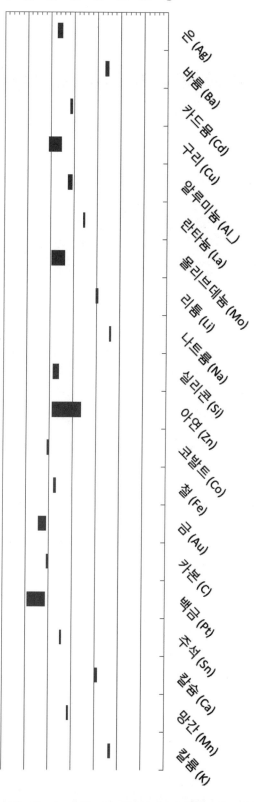

산화환원반응과 산화제, 환원제

산화반응Oxidation은 말 그대로 산
소와 반응했다는 의미입니다. 산소Oxygen는 원자번호 8번으로 양성
자 여섯 개, 전자도 여섯 개 있는 원소입니다. 주기율표상 맨 오른쪽
부터 세 번째 열에 위치합니다. 주기율표의 맨 오른쪽 열은 귀족기체
Noble Gas 혹은 비활성기체Inert Gas라고 합니다. 이 귀족기체는 안정적
이기 때문에 원소 자체로 존재합니다. 그 외의 원소들은 결합을 통하
여 맨 마지막 열과 같은 전자 배열을 갖기를 원합니다. 산소의 경우
두 개의 전자를 얻으면 전자가 여덟 개가 되어 네온과 같은 전자배열
이 됩니다. 따라서 산소가 다른 물질과 결합하면 보통 산소 하나가 전
자 두 개를 뺏어옵니다. 2가 음이온이 되는 것이죠. 그래서 어떤 대상
물질이 산화된다는 것은 보통 전자를 잃는다는 의미입니다. 철을 예

로 들면 철이 산소와 반응하면 삼산화이철(Fe_2O_3)이 됩니다. 철이 전자를 잃은 것이죠. 그래서 철의 입장에서는 산화되었다고 합니다. 철은 전자를 세 개 잃어서 3가 양이온이 되고, 산소는 전자를 두 개 얻어서 2가 음이온이 됩니다. 철은 두 개의 원소에서 세 개씩 전자 여섯 개를 잃고 산소는 세 개의 원자에서 전자 두 개씩 전자 여섯 개를 얻습니다. 전자 여섯 개가 이동만 하는 것입니다. 생성되거나 없어지지는 않죠.

그런데 대상물질을 기준으로 볼 때 전자를 잃는 것이지 산소의 입장에서는 전자를 얻었으니까 환원반응Reduction이 일어납니다. 이처럼 산화환원반응Redox Reaction은 전자의 이동으로 발생하며 산화반응만 일어나거나 환원반응만 일어날 수 없고, 항상 동시에 일어납니다.

그리고 기준을 어느 것으로 삼느냐에 따라서 산화반응이 될 수도 있고, 환원반응이 될 수도 있습니다. 전기화학이 어렵게 느껴지는 이유는 이처럼 절대적인 개념이 아니라 상대적인 개념이기 때문일 수도 있습니다. 그래서 전기화학에서는 기준을 어디에 잡느냐가 매우 중요합니다.

다른 물질을 산화시키는 물질을 산화제Oxidizer, Oxidant, Oxidizing Agent라고 합니다. 철과 산소의 반응에서는 산소가 산화제입니다. 반대로 철은 산소를 환원시켰으니까 환원제Reducer, Reductant, Reducing Agent입니다.

산소 같은 물질은 대부분의 반응에서 산화제로 작용하지만 어떤 물질은 다른 물질과 반응할 때 산화제로 작용할 수도 있고 환원제로 작용할 수도 있습니다. 절대적으로 산화제나 환원제가 될 수 있는 물질은 없죠. 상대적으로 자신보다 전자를 좋아하는 물질과 반응하면 산화되고, 자신보다 전자를 싫어하는 물질과 반응하면 환원됩니다. 산화반응과 산화제는 다른 개념이니 잘 구분해서 사용해야 합니다.

표준수소전극과 기준전극

표준 수소전극을 기준으로 각 반
응의 전위를 측정하여 표준 산화전위 또는 표준 환원전위를 측정합
니다. 볼타가 최초로 전지를 만들 때부터 전지에는 수용액 전해질을
사용했습니다. 수용액이 산성이냐 염기성이냐를 결정하는 것이 수
소이온농도입니다. 그래서 수소이온의 농도가 1몰농도M인 수용액에
수소기체를 1기압으로 넣어준 상태의 전극을 기준으로 잡은 것이죠.

하지만 최근 전기화학에서 수용액을 전해질로 사용하는 경우는
드뭅니다. 수용액에 1.5볼트 이상의 전압을 가하면 물과 수소로 분해
되기 때문에 안정적이지 않아서 사용하기 어렵다는 이유도 있고, 전

기를 다루면서 발화성이 있는 수소기체를 많이 사용해 위험하기도 해서 그렇습니다.

수은을 사용하는 칼로멜전극도 환경적인 문제 때문에 지금은 거의 사용하지 않습니다. 그래서 최근에는 은전극(Ag/AgCl)을 주로 사용합니다. 염화칼륨(KCl)이 포화된 상태에서 은전극의 표준 환원전위는 + 0.179볼트입니다. 이때 염화칼륨을 포화시키는 이유는 염소(Cl)의 농도 변화에 따른 영향을 최소화시키기 위함입니다. 이렇게 은전극을 기준전극으로 전위를 측정하면 그 값에 0.179을 더해주어야 표준 수소전극으로 측정한 값과 같아집니다.

표준 수소전극, 칼로멜전극, 은전극 등은 모두 물에 염을 녹인 전해질, 즉 수용액 전해질에서 사용할 수 있는 전극입니다. 그런데 앞에서도 언급했지만 최근에 개발된 전기화학기기 중에는 물을 사용하지 않는 기기가 많습니다. 리튬이온전지, 염료감응 태양전지, 전기변색소자 등은 성능과 안정성 때문에 모두 비수용성 전해질을 사용합니다.

염화칼륨이 포화된 은전극의 경우 비수용성 전해질에서도 작동할수 있지만 오랫동안 사용하면 전극 내의 이온 농도가 변할 수 있어 정확한 측정이 어려워집니다. 특히 리튬이온전지의 경우에는 전압이 커서 공기 중에서 실험할 수도 없습니다. 리튬금속이 공기 중에서 안정적이지 않은 이유는 산소와 결합하려는 성향이 크기 때문입니다. 그래서 리튬이온전지 실험은 대부분 리튬이온이 녹아 있는 비수용성 전해질에 담긴 리튬금속(Li/Li+)을 기준으로 삼습니다. 이럴 경우 리튬이온의 표준 환원전위가 - 3.04볼트이므로 리튬금속을 기준으로 측정한 전위는 3.04를 빼야만 표준 수소전극으로 측정한 전위와 같아집니다.

산과 염기

수소이온은 물속에 존재하며 물의 산성과 염기성을 결정하는 중요한 이온입니다. 순수한 물의 경우 수소이온 농도가 $1{\times}10^{-7}$몰농도로 1리터의 용액에 수소이온이 $1{\times}10^{-7}$몰mole녹아 있습니다. 이 경우 수산화이온(OH-)의 농도도 $1{\times}10^{-7}$몰농도로 수소이온과 수산화이온의 농도가 같습니다. 수소이온의 농도가 $1{\times}10^{-7}$몰농도보다 높으면 용액은 산성이 되고, 낮으면 염기성이 됩니다. 수산화 이온의 경우 반대로 $1{\times}10^{-7}$몰농도보다 높으면 염기성, 낮으면 산성이 됩니다.

몰농도에 -log를 붙이면 수식이 보다 간단해지는데, 이것이 pH입니다. pH가 7이면 중성, 이보다 낮으면 산성, 이보다 높으면 염기성이 되는 것이죠.

pH 개념은 중요합니다. 최근에는 특히 환경 분야에서 중요도가 높아지고 있습니다. 산성비는 대기 중에 물에 녹아 산성을 띨 수 있는 질소산화물(NOx), 황산화물(SOx) 등이 많이 포함되어 있다는 의미입니다. 질소산화물이 물에 녹으면 질산이 되고, 황산화물이 물에 녹으면 황산이 됩니다. 이 두 물질은 매우 강한 산으로 인체에도 영향을 줄 수 있을 만큼 나쁜 물질들입니다.

폐수를 정화할 때도 pH는 중요합니다. 물고기나 강에 사는 다양한 생명체는 강산이나 강염기에서는 살 수 없습니다. 그래서 폐수를 정화할 때는 pH를 7 근처로 맞추는 중화 과정이 필수적으로 포함됩니다.

앞에서 말했듯이 요즘 전기화학기기들은 수용액을 전해질로 적용하는 경우가 별로 없습니다. 대부분 수용액이 아닌 다른 전기화학적으로 보다 안정적인 용매를 사용합니다. 그래서 산성이나 염기성을 결정하는 것도 수용액보다 넓은 범위에서 적용이 가능한 개념을 사용해야 합니다. 여기에 적합한 개념이 루이스 산-염기 개념입니다. 길버트 루이스Gilbert N. Lewis라는 사람이 처음 만든 개념이어서 루이스 산-염기라고 부릅니다. 루이스 산은 전자를 받을 수 있는 물질을 의미합니다. 루이스 염기는 반대로 전자를 줄 수 있는 물질입니다.

산-염기 개념에는 크게 세 가지가 있는데, 첫 번째는 아레니우스 산-염기 개념입니다. 아레니우스 산은 수소이온을 내어놓는 물질입니다. 아레니우스 염기는 수산화이온을 내어놓는 물질이고요. 앞에서 pH를 설명하면서 이야기한 것이 아레니우스 산-염기 개념입니다. 이 개념을 조금 더 보편화한 것이 브뢴스테드 로우리 산-염기 개념입니다. 브뢴스테드 로우리 산은 수소이온을 내어놓은 것으로 아레니우스 산과 같지만 브뢴스테드 로우리 염기는 수소이온을 받는 물질로 아레니우스 염기와 조금 다릅니다. 이 개념을 전자(e^-)로 확대한 것이 루이스 산-염기 개념입니다. 루이스 산-염기 개념을 적용하면 모든 산-염기 현상을 설명할 수 있습니다. 가장 광범위한 개념이죠.

얼마 전, 중국의 한 과학자가 유전자 염기서열을 편집하여 에이즈에 걸리지 않는 아기가 태어났다고 발표한 후 과학계에서는 논란이 있었고, 급기야 이 과학자는 구속되었습니다. 그런데 이 유전자 염기서열의 염기는 우리가 알고 있는 산-염기 개념의 염기입니다. 유전자는 DNA로 구성되어 있는데, DNA는 디옥시리보 핵산Deoxyribo Nucleic Acid의 줄임말로 여기서 핵산은 산의 일종입니다. 즉 유전자는 산과 염기로 구성되어 있다는 의미죠. DNA는 이중나선구조를 가지고 있으며 산과 염기가 수소결합을 통해 결합되어 있습니다.

수소결합이란 루이스 산과 염기가 결합하는 형태 중 하나로 전자를 줄 수 있는 루이스 염기가 전자를 받을 수 있는 루이스 산인 수소와 결합하는 것을 의미합니다. 수소결합은 일반적인 유기결합보다는 약한 결합이라서 떨어졌다가 붙었다가 할 수 있습니다. 마치 자석의 N극과 S극처럼요. DNA 내의 염기에는 퓨린purine과 피리미딘

pyrimidine의 두 가지 종류가 있으며, 퓨린에는 다시 아데닌A: Adenine 과 구아닌G: Guanine의 두 가지가 존재하고, 피리미딘에는 시토신C: cytosine, 티민T: thymine의 두 종류가 있습니다. 보통 AGCT라고 줄여서 부르는 이 네 가지 염기에는 모두 비공유 전자쌍이 있어서 수소에 전자를 줄 수 있는 물질입니다. 루이스 염기인 것이죠.

이처럼 DNA 내의 산-염기 개념은 아레니우스 산-염기 개념이나 브뢴스테드 로우리 산-염기 개념으로는 설명되지 않습니다. 루이스 산-염기 개념으로만 설명이 가능하죠.

전기와 자기 및 유도전류

전기에너지는 전자의 흐름(전류), 그러니까 전기 전도체 내에 있는 자유전자가 한 방향으로 흘러 생성되지요. 앞에서도 언급했듯이 볼타는 소금물에 적신 천과 구리, 아연을 이용하여 전기를 생성할 수 있음을 증명했습니다. 볼타 이후 많은 사람들이 전기 관련 실험을 했습니다. 매우 간단한 도구인 볼타전지를 이용하여 전기를 생성할 수 있게 되었기 때문이죠.

그 중 한 명이 덴마크의 물리학자 외르스테드Hans Christian Ørsted(1777~1851)입니다. 외르스테드는 전류가 흐르는 철사 가까이에 있던 나침반(영구자석)이 돌아가는 것을 발견하여 전류가 자기장을 형성한다는 사실을 보고했습니다. 이때만 해도 과학자들은 전기와 자기가 연관이 있다는 사실을 모르고 있었죠.

전기와 자기는 모두 전자의 움직임에 기인합니다. 전기에너지는 위에서도 설명했듯이 전자가 한 방향으로 흐르는 것이라고 간단히 설명할 수 있지만 자기는 간단히 설명되지 않습니다. 화학적으로 보면 물질은 세 입자에 의해 형성됩니다. 전자, 양성자, 중성자가 그것입니다. 전자는 -극을 띠고 양성자는 +극을 띠며 중성자는 극성을 띠지 않습니다. 가장 간단한 원자인 수소원자는 양성자 한 개, 전자 한 개로 이뤄져 있습니다. 중성자는 없을 수도 있고, 한 개 있을 수도 있고, 두 개 있을 수도 있습니다. 중성자는 전하는 띠지 않아 무게에만 영향을 주기 때문에 중성자가 없는 수소는 가벼울 경輕 자를 써서 경수소, 중성자가 한 개 있는 수소는 무거울 중重 자를 써서 중수소, 중성자가 두 개 있는 수소는 삼중수소라고 부릅니다. 마찬가지로 원자로를 냉각시키는 물에 중성자가 적은 물을 사용하면 경수로, 중성자가 많은 물을 사용하면 중수로라고 부릅니다.

양성자와 중성자는 원자의 핵을 이룹니다. 그 외곽을 전자가 돌고 있는데, 이 궤도를 원자궤도함수라고 합니다. 원자가 결합하여 분자를 이루면 분자궤도함수라고 부르죠. 궤도함수는 s, p, d, f로 나뉩니다. 전자가 궤도함수에 들어갈 때는 보통 쌍pair을 이뤄 들어갑니다. 전자는 궤도함수 내에서 지구가 마치 태양주위를 도는 것처럼 궤도함수를 도는데, 지구가 공전과 자전을 함께하면서 돌듯이 전자도 공전과 자전을 함께합니다. 자전을 하면 전하를 띤 전자가 한 방향으로

도니까 자기장이 형성됩니다. 양자역학적으로는 이것을 스핀이라고 부르는데, 방향성이 있어서 플러스 2분의 1이 되거나 마이너스 2분의 1이 됩니다. 전자가 궤도함수 내에 반대 방향으로 쌍을 이뤄 들어가면 플러스 2분의 1과 마이너스 2분의 1이 상쇄되어서 자기장이 상쇄됩니다.

대부분의 물질은 전자가 쌍을 이뤄 존재하기 때문에 자기장이 상쇄된 형태로 존재합니다. 이러한 물질을 반자성diamagnetism 물질이라고 부릅니다. 반자성 물질은 외부에서 자기장이 형성되면 약하기는 하지만 외부 자기장을 상쇄시키는 방향으로 자기 모멘텀이 형성됩니다. 외부자기장의 반대 방향으로 자기 모멘텀이 형성되기 때문에 반자성이라고 부르는 것입니다.

물질에 따라서 궤도함수에 전자가 하나만 채워질 수도 있습니다. 쌍을 이루지 않은 전자unpaired electron가 있는 것이죠. 이럴 경우 원자 상태에서 자기장을 형성할 수 있습니다. 알루미늄(Al), 산소(O_2), 타이타늄(Ti), 산화철(FeO) 등이 여기에 속하는데요, 여기에 외부에서 자기장을 걸어주면 외부 자기장과 같은 방향으로 유도 자기장을 형성합니다. 이러한 물질을 상자성paramagnetism 물질이라고 부릅니다. 상자성 물질 대부분은 상온에서 물질의 자기장이 방향성 없이 random direction 존재하여 외부 자기장이 없으면 자기장을 형성하지 않습니다. 그런데 몇몇 물질은 자기장이 방향성을 갖고 정렬되어 있습니다. 정렬 방식에 따라 이를 페로자성ferromagnetism 혹은 페리자성

ferrimagnetism이라고 부르는데, 페로자성과 페리자성을 띠면 우리가 흔히 얘기하는 영구자석이 됩니다. 금속, 금속합금, 금속산화물 등이 여기에 속하며 금속의 대표적인 물질에는 코발트, 철, 니켈 등이 있습니다. 지구가 거대한 자성을 띠는 것도 외핵 내에 있는 철과 니켈이 대류운동을 하기 때문입니다. 금속합금에는 알루미늄, 니켈, 코발트 합금을 급속냉각해 만드는 알니코alnico가 있습니다.

상온에서 영구자석이 될지 아닐지는 큐리온도Curie temperature가 결정합니다. 큐리온도는 자기장이 방향성을 갖고 정렬되어 있던 물질이 온도가 올라감에 따라 방향성을 잃는 온도입니다. 큐리온도가 높을수록 높은 온도에서 자성을 잃습니다.

전자가 한 방향으로 흘러도, 즉 전류가 흘러도 자기장이 형성됩니다. 외르스테드는 전류가 흐르는 전선에 자석을 가져가 움직이는 것을 보고 이 현상을 발견했습니. 패러데이는 좀 더 발전된 실험을 합니다. 공간을 띄워 놓은 후 한 쪽에 코일을 감고 다른 한 쪽에도 코일을 감은 상태에서 한 쪽 코일에 전류를 흘리면 다른 코일에서도 전류가 흐르는 것을 확인합니다. 이렇게 흐르는 전류를 유도전류라고 합니다.

유도전류의 발견은 산업적으로 매우 중요합니다. 전기에너지를 만드는 발전기 대부분이 유도전류 현상을 이용하기 때문입니다. 패러데이의 실험을 다시 살펴보겠습니다. 전선에 전류가 흐르면 자기장이 발생하는데, 코일 형태로 전선을 만들면 자기장이 증폭되는 효과가 생겨 자기장의 세기가 강해집니다. 한 쪽 코일에 자기장이 생성되면 반대편 코일에서는 생성되는 자기장을 없애는 방향으로 전자가 흐릅니다. 이는 마치 뉴턴역학의 작용 반작용과 같습니다. 한 쪽에 힘이 가해지면 그것에 반하는 힘이 반대 방향으로 가해지는 것과 같은 원리라는 말입니다.

전류를 코일에 흐르게 하지 않고 코일 주변에서 영구자석을 움직여도 마찬가지 현상이 발생합니다. 보통 화력발전이나 원자력발전의 발전기는 터빈을 돌려서 전기에너지를 얻습니다. 발전기의 중심에는 영구자석이 있고 그 주변을 전선으로 감아 놓은 형태입니다. 이렇게 해놓고 터빈을 이용하여 영구자석을 돌리면 자기장의 변화가 일어나는데, 이 자기장의 변화를 상쇄하는 방향으로 주위를 감싼 전선 내로 전자가 이동하여 전류가 생성되는 것입니다. 자기장의 변화가 크면 클수록 유도전류가 많이 생성되므로 자기력이 센 연구자석을 사용하고, 주위를 감싸는 전선의 코일을 많이 감고, 영구자석을 빠르게 회전시키면 더 큰 전기에너지를 얻을 수 있습니다.

반도체 물질의 밴드이론

귀족기체(비활성기체)인 헬륨, 네온, 아르곤 등은 원자 상태로 존재할 수 있지만 대부분의 물질은 원자 상태로 존재하기에는 불안정하여 결합을 합니다. 화학적으로 보면 결합은 크게 이온결합, 금속결합, 공유결합의 세 가지로 구분됩니다. 이온결합은 금속원자와 비금속원자가 전자를 서로 주고받아서 이온이 된 상태로 결합하는 것입니다. 예를 들어 칼슘산화물(CaO)는 칼슘이 전자 두 개를 내어주고 2+ 이온이 되고, 산소는 전자 두 개를 받아서 2- 이온이 되어 전자기력에 의해 결합하는 것이죠. 금속결합은 금속원자들이 결합을 이루고 자유전자가 전하를 맞춰줍니다. 공유결합은 비금속 물질들이 귀족기체와 같이 안정화되려고 전자를 공유하면서 결합하는 방식입니다.

금속결합을 한 금속의 경우 전자가 잘 이동하기 때문에 도체입니다. 공유결합을 한 물질의 경우에는 보통 전자가 잘 이동하지 않기 때문에 비도체 물질이 되고요.

하지만 유기물질 중에도 도체가 있습니다. 이중결합이 컨쥬게이션 conjugation되면 도체가 됩니다. 탄소의 경우 단일결합을 하는 다이아몬드는 비도체이지만 이중결합이 컨쥬게이션되어 있는 흑연은 도체입니다.

그런데 도체도 아니고 비도체도 아닌 어중간한 물질들이 있습니다. 앞에서 말했듯이 이를 반도체라고 하는데, 실리콘이나 게르마늄 등의 단일물질도 있고 금속산화물, 금속질화물 등의 이온결합 물질도 있습니다. 이들은 대부분 상온에서 고체입니다. 원자들이 결합을 이뤄 반도체 물질을 형성하는데, 결합을 이룰 때 에너지가 서로 다른 전자궤도를 가지고 있는 각 원자들의 궤도가 겹치면서 새로운 궤도를 형성합니다. 보통 두 개의 원자가 결합할 때는 원자궤도atomic orbital를 하나씩 공유하면서 에너지가 낮은 상태의 결합궤도bonding orbital와 에너지가 높은 상태의 반결합궤도anti-bonding orbital를 형성합니다. 그리고 전자를 하나씩 공유하면 결합궤도에 전자 두 개가 차면서 에너지가 낮아져 안정적인 상태가 됩니다.

원자의 개수가 많은 경우 원자궤도가 중첩되어 밴드band를 형성합니다. 그래서 결합궤도에 해당하는 에너지가 낮은 상태의 가전도대와 반결합궤도에 해당하는 에너지가 높은 상태의 전도대로 나뉩니다. 그리고 전자들은 에너지가 낮은 가전도대에 들어찹니다.

원자의 경우 내부에 있는 전자보다는 최외각에 있는 전자가 중요합니다. 내부에 있는 전자는 안정적인 상태여서 잘 움직이지 않고, 외부에너지 때문에 일어나는 반응은 대부분 최외각전자에서 일어나기 때문이죠. 원자가 모여 분자를 이루면 분자궤도molecular orbital가 형성되는데, 분자궤도에서도 마찬가지입니다. 그래서 분자궤도에서 제일 중요하게 다루는 궤도함수가 전자가 차 있는 가장 높은 에너지 상태의 궤도HOMO: Highest Occupied Molecular Orbital와 그 바로 위 에너지 레벨인 가장 낮은 상태의 전자가 비어있는 궤도LUMO: Lowest Unoccupied Molecular Orbital입니다.

많은 수의 원자가 결합하여 궤도함수가 중첩되어 밴드를 형성하여도 마찬가지입니다. 분자에서 전자가 차 있는 가장 높은 에너지 상태의 궤도가 반도체 물질의 가전도대에 해당하고, 에너지 레벨인 가장 낮은 전자가 비어있는 궤도가 전도대에 해당합니다. 그래서 여러 원자가 동시에 결합에 참여하는 고체 상태의 물질들은 전도대와 가전도대가 중요합니다.

금속은 가전도대와 전도대가 붙어 있습니다. 그래서 전자가 전도대에 존재하며 전도성을 갖습니다. 가전도대에는 전자들이 들어차 있어서 움직이기 어렵지만 전자들이 거의 없는 상태의 전도대로 전자가 들뜨면 마치 고속도로에 차가 없을 때 빠르게 달릴 수 있듯 전자들이 잘 움직입니다. 그래서 전도성을 가지므로 전도대라고 부릅니다.

반도체 물질과 부도체 물질은 가전도대와 전도대가 떨어져 있습니다. 얼마나 떨어져 있느냐를 밴드 갭이라고 하는데, 밴드 갭은 물질의 특성을 결정하는 중요한 요소입니다. 반도체 물질의 경우 가전도대와 전도대가 많이 떨어져 있지 않아서 에너지를 받으면 쉽게 전자가 이동할 수 있습니다. 그래서 전도대에 전자가 어느 정도 채워지면 금속보다는 약하지만 어느 정도 전도성을 갖기 때문에 반도체입니다. 부도체의 경우 밴드 갭이 매우 커서 가전도대에서 전도대로 전자가 이동하기가 매우 어렵습니다. 전도대에 전자가 채워져야 전도성을 가지는데, 전도대가 텅 비어있어 부도체가 되는 것이죠.

반도체 물질의 밴드 갭은 태양전지 분야에서 특히 중요합니다. 밴드 갭이 어느 파장까지의 햇빛을 흡수하느냐를 결정하기 때문입니다. 햇빛은 다양한 파장의 빛을 포함하고 있습니다. 파장으로 보면 대략 300~2500나노미터의 파장으로 구성되어 있는데, 300~400나노미터는 자외선, 400~700나노미터는 가시광선, 700~2500나노미터는 적외선으로 구분됩니다. 파장이 짧을수록 에너지가 크고 파장이 길수록 에너지가 적습니다. 파장을 밴드 갭의 단위인 전자볼트로 바꾸려면 플랑크 방정식($E = h\nu$)을 이용하면 됩니다.

여기서 E는 에너지, h는 플랑크 상수, ν는 진동수입니다. 플랑크 상수는 $h = 4.13 \times 10\text{-}15$ eV·s 이고 진동수는 빛의 속도를 파장으로 나

눈 $v = c/\lambda$이기 때문에 빛의 파장(λ[나노미터])과 밴드 갭 에너지(E[전자볼트])간의 상관관계를 계산하려면 1235를 파장으로 나누면 됩니다. 예를 들어 700나노미터의 빛이 몇 전자볼트인지는 1235 나누기 700을 하면 됩니다. 답은 1.76(전자볼트)입니다. 따라서 가시광선 대부분을 흡수하려면 밴드 갭이 1.76전자볼트 이하인 반도체 물질을 사용하면 됩니다. 거꾸로 밴드 갭이 3.2전자볼트인 반도체 물질이 햇빛의 몇 파장부터 흡수하는지를 알고 싶으면 1235 나누기 3.2를 하면 386나노미터입니다. 광촉매로 가장 많이 쓰이는 물질인 이산화티타늄(TiO_2)의 밴드 갭이 약 3.2전자볼트입니다. 따라서 이산화티타늄은 386나노미터까지의 햇빛만을 흡수합니다. 386나노미터는 자외선 영역에 해당되고, 이보다 높은 에너지를 가지는 파장만 흡수하기 때문에 이산화티타늄이 가시광선을 흡수하지 못하는 것이죠.